工业机器人
操作与系统编程

GONGYE JIQIREN
CAOZUO YU XITONG BIANCHENG

主　编　齐　民　陈君瑜　练俊灏

副主编　赖周艺　郭海森　崔　敏
　　　　林文浩　李土权

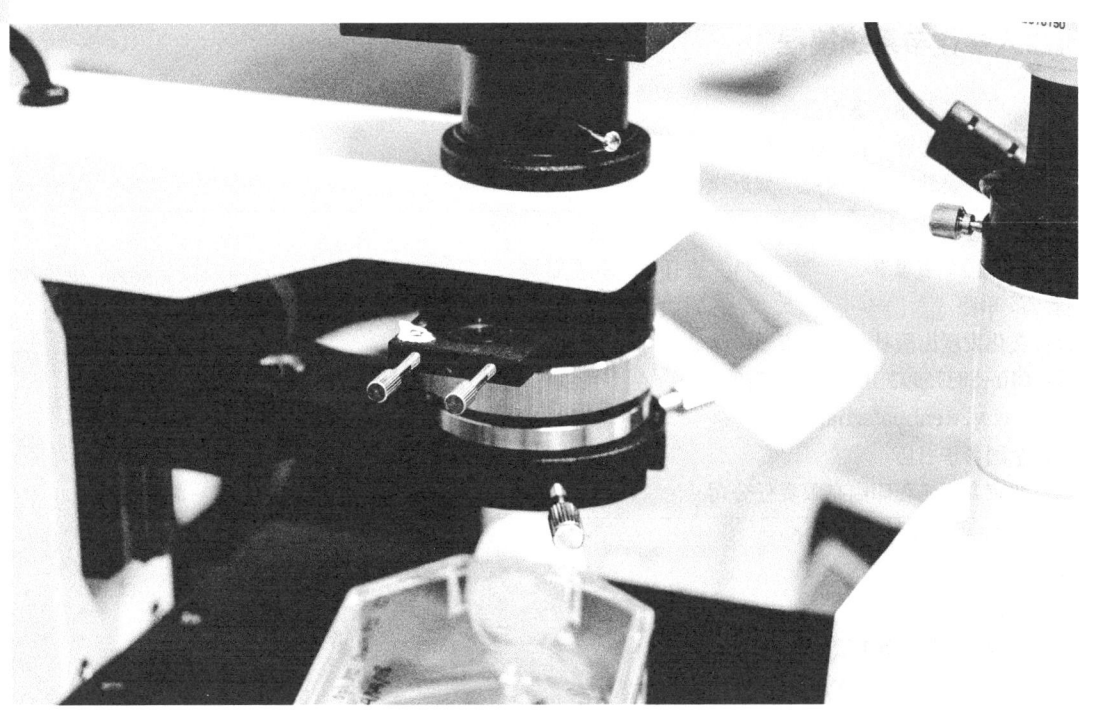

文化发展出版社
Cultural Development Press
·北京·

图书在版编目（CIP）数据

工业机器人操作与系统编程 / 齐民，陈君瑜，练俊灏主编． -- 北京：文化发展出版社，2024. 11. -- ISBN 978-7-5142-4434-2

Ⅰ．TP242.2

中国国家版本馆CIP数据核字第202455MS50号

工业机器人操作与系统编程

主　编：齐　民　陈君瑜　练俊灏
副主编：赖周艺　郭海森　崔　敏　林文浩　李土权
参　编：张俊玲　吴建宏　黄丽卿　贺近岚

出 版 人：宋　娜	
责任编辑：李　毅　韦思卓	责任校对：岳智勇
责任印制：邓辉明	封面设计：魏　来

出版发行：文化发展出版社（北京市翠微路2号 邮编：100036）
发行电话：010-88275993　010-88275710
网　　址：www.wenhuafazhan.com
经　　销：全国新华书店
印　　刷：北京九天鸿程印刷有限责任公司
开　　本：787mm×1092mm　1/16
字　　数：125千字
印　　张：13.5
版　　次：2024年11月第1版
印　　次：2024年11月第1次印刷
定　　价：68.00元
ＩＳＢＮ：978-7-5142-4434-2

◆ 如有印装质量问题，请与我社印制部联系。电话：010-88275720

在《中国制造 2025》这一宏伟蓝图的引领下，中国制造业正经历着前所未有的转型升级，智能制造已成为推动产业升级的重要引擎。工业机器人，作为智能制造领域的关键设备，其应用范围已广泛覆盖汽车、电子、食品、化工及装备制造等多个行业，不仅极大地提高了生产效率，更是引领了生产方式的变革。

为了响应国家对高技能人才培养的号召，以及配合产业技术升级与转型的步伐，众多职业院校纷纷增加工业机器人技术应用及其相关专业，致力培养一批既掌握扎实的理论基础，又具备丰富实践经验的综合性应用人才。

在此背景下，《工业机器人操作与系统编程》应运而生。本书依托北京华航唯实机器人科技有限公司精心研发的 CHL-DS-01 工业机器人 PCB 异形插件工作站。该工作站作为全国职业院校技能大赛中的重要技术平台，集成了工业机器人、工具快换、可编程逻辑控制器、气动驱动、传感器、智能视觉检测等前沿技术，以 3C 行业中极具代表性的异形芯片插件工序为应用场景，设计了一系列贴近实际生产需求的操作任务。

本书旨在通过图文并茂、循序渐进的方式来引导读者。它不仅详细介绍了工作站的机械及电气装调过程，还深入阐述了工业机器人的编程、调试、维护等关键技能，同时又融入了团队协作、质量控制、安全意识等培养职业素养的内容。通过对本书的学习，读者能够全面掌握工业机器人系统的操作与应用能力，为未来的职业生涯奠定坚实的基础。

我们相信，《工业机器人操作与系统编程》将会成为广大职业院校师生、企业技术人员及工业机器人爱好者不可或缺的参考书目。它将以其实用性、前瞻性和系统性，助力中国制造业的智能化转型，培养更多优秀的工业机器人应用人才，共同推动中国智能制造业的蓬勃发展。

目录

项目一 / 工业机器人安全操作 / 1

任务一　认识工业机器人 / 1

任务二　确认工业机器人开关机的安全环境 / 10

任务三　确认工业机器人示教操作的安全环境 / 11

任务四　确认工业机器人电源环境安全 / 12

项目二 / 工业机器人安装 / 13

任务一　使用动力电缆正确连接工业机器人控制柜和工业机器人本体 / 13

任务二　安装快换装置主端口 / 15

任务三　机器人的外围连接 / 16

项目三 / 工业机器人系统的安装调试 / 23

任务一　工业机器人系统机械安装调试 / 23

任务二　工业机器人系统电气安装调试 / 29

项目四 / 工业机器人的维护维修 / 33

任务一　工业机器人的基本维护 / 33

任务二 示教器的常用操作 / 53

任务三 机器人的基本操作 / 67

任务四 机器人的坐标系 / 79

任务五 工业机器人基本编程 / 83

项目五 工业机器人系统的示教编程应用 / 96

任务一 产品外壳的基础涂胶 / 96

任务二 产品的基础码垛 / 129

任务三 产品异形芯片的简单装配工艺 / 156

项目六 工业机器人系统的布局搭建 / 195

任务一 工业机器人系统的定制集成 / 195

任务二 工业机器人系统的布局搭建 / 197

任务三 工业机器人系统的虚拟仿真 / 203

项目一 工业机器人安全操作

任务一 认识工业机器人

一、工业机器人组成

工业机器人主要由机器人本体、控制柜、示教器以及连接电缆组成（见图1-1）。

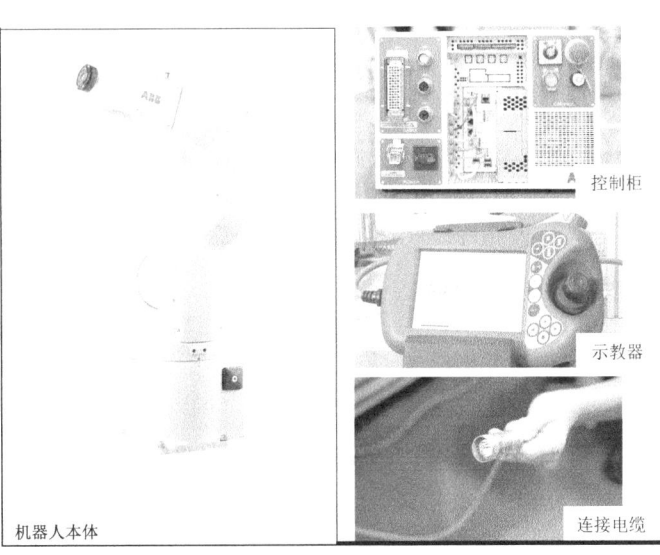

图1-1 工业机器人各部分组成

1. 机器人本体

机器人本体也称为机械臂、机械手,是用来完成各种作业的执行机械。它由基座、腰部、臂部(大臂和小臂)和手腕4部分组成,由4个独立旋转"关节"(腰关节、肩关节、肘关节、腕关节)串联而成(见图1-2)。

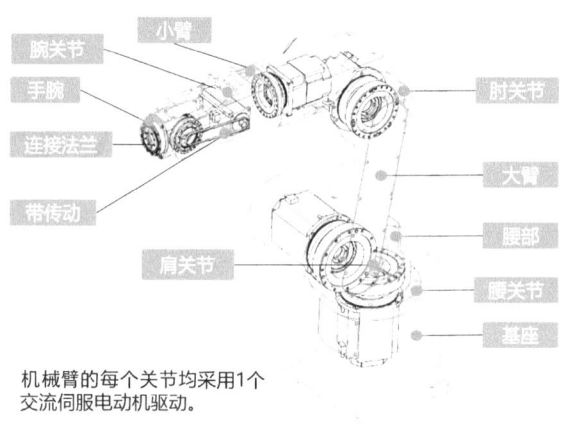

图1-2 机械臂的组成

机械臂是由六个转轴组成的空间六杆开链机构,理论上可达到运动范围内空间的任何一点。六个转轴均有AC伺服电机驱动,每个电机后均有编码器。每个转轴均带有一个齿轮箱。同时,机械臂带有串口测量板(SMB),测量板中有可充电的镍铬电池,起保存数据作用(见图1-3)。

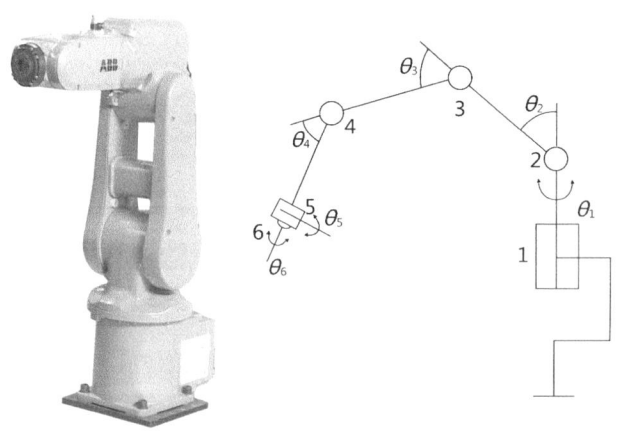

图1-3 工业机器人的六杆开链机构

2. 控制柜

ABB IRC5控制柜集成了运动控制技术、TrueMove(在任何速度下,始终按照编程路径运动)和 QuickMove(以最佳的加速方式确保最短的运动节拍)等技术。它是精度、速度、周期、可编程性以及与外部设备同步性等机器人性能指标的重要保证。IRC5 常见的控制柜类型分为 PMC 面板嵌入型、单机柜型、紧凑型(见图 1-4)。

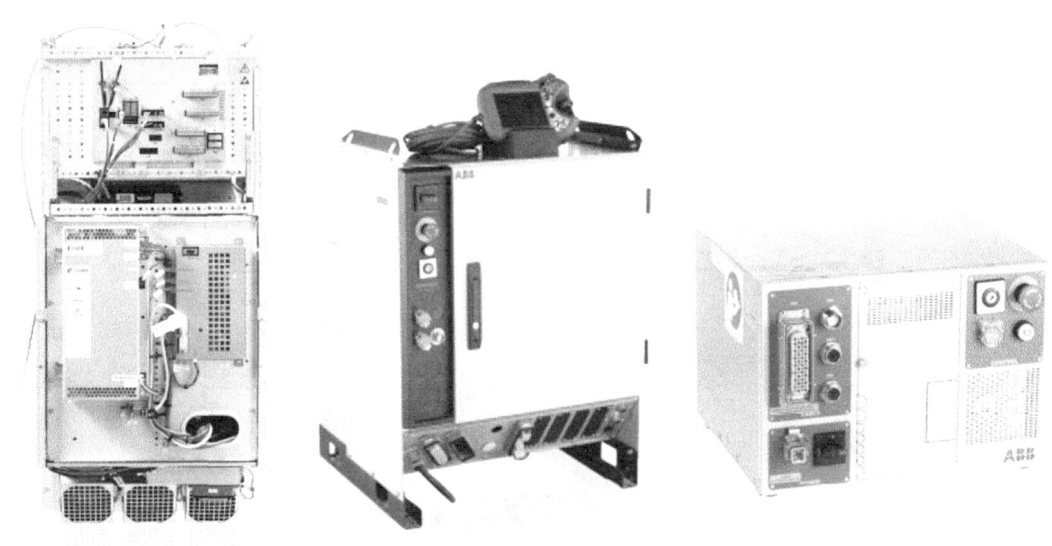

图 1-4 工业机器人的各类控制柜

3. 示教器

示教器是进行机器人的手动操纵、程序编写、参数配置以及监控用的手持装置(见图 1-5)。

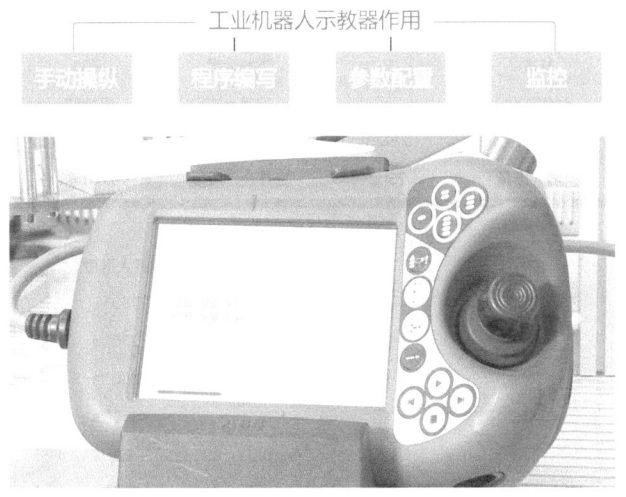

图 1-5 工业机器人示教器

4. 控制柜电缆

控制柜电缆分为示教器电缆、电源线、动力电缆（见图1-6）。

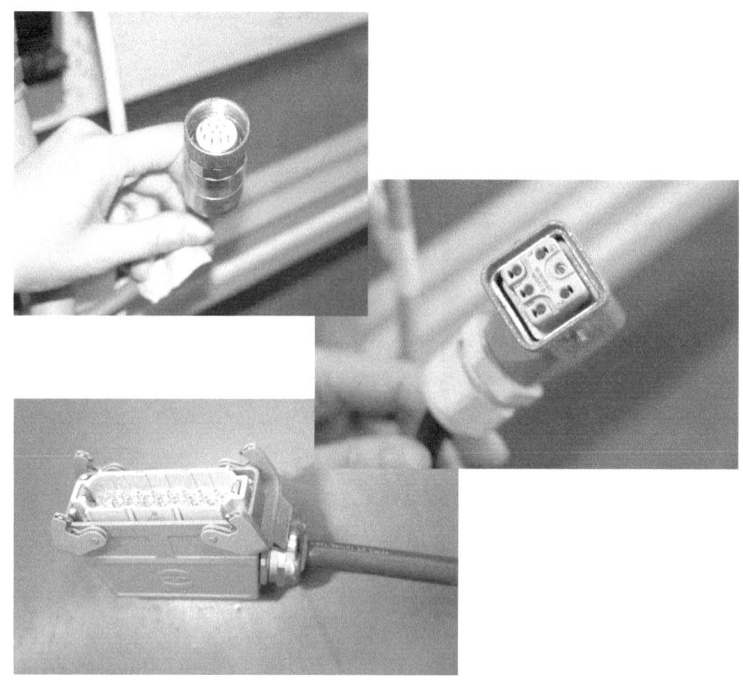

图1-6 控制柜电缆

5. 工业机器人技术参数

工作站采用ABB IRB 120桌面式工业机器人作为核心设备，基本技术参数如图1-7所示。

规格参数			
轴数	6	防护等级	IP30
有效载荷	3kg	安装方式	落地式
到达最大距离	0.58m	机器人底座规格	180mm×180mm
机器人重量	25kg	重复定位精度	0.01mm
工作范围及最大速度			
轴序号	动作范围		最大速度
1轴	回转：+165°～-165°		250°/s
2轴	立臂：+110°～-110°		250°/s
3轴	横臂：+70°～-90°		250°/s
4轴	腕：+160°～-160°		360°/s
5轴	腕摆：+120°～-120°		360°/s
6轴	腕传：+400°～-400°		420°/s

图1-7 工业机器人技术参数

（1）轴数。是指机器人可以独立运动的坐标轴数目。轴数等于关节数。

（2）有效载荷。是指机器人在工作范围内的位姿上所能承受的最大重量（负载重量＋末端执行器重量）。

（3）重复定位精度。是指在同一环境、同一目标动作、同一命令下，机器人连续重复运动若干次时，其位置的分散情况，是关于机器人的统计数据。

（4）最大速度。是指工业机器人主要自由度上的最大稳定速度；手臂末端的最大合成速度。机器人最大工作速度越高对机器人的最大加速率和最大减速率的要求越高。

（5）工作范围。IRB 120 工业机器人的俯仰和水平工作范围如图 1-8 和图 1-9 所示。

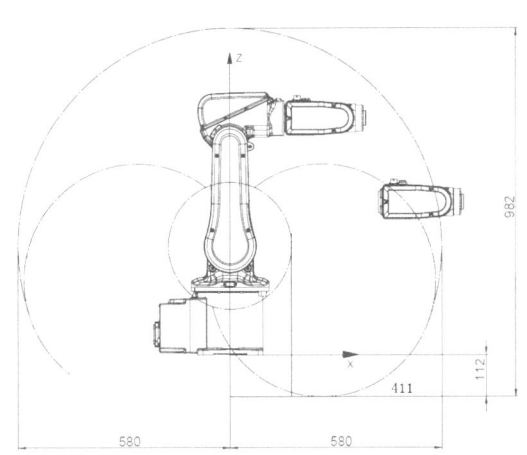

图 1-8　工业机器人的俯仰工作范围

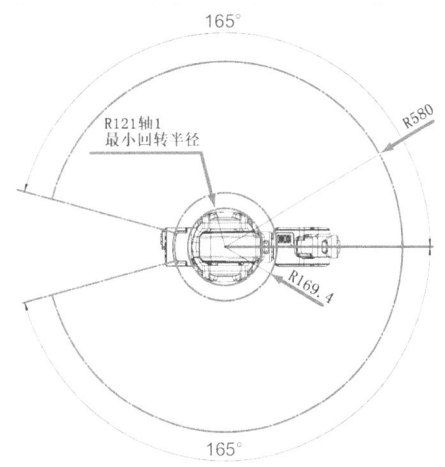

图 1-9　工业机器人的水平工作范围

二、工业机器人安全规范

由于机器人系统复杂而且危险性大，在使用期间，对机器人进行任何操作都必须注意安全。

1. 检修时切断气源

在关闭气源开关时，要注意机器人气路系统中的压力可达 0.6MPa，因此任何相关检修都要先切断气源（见图 1-10）。

图 1-10 气源开关

2. 无操作时释放使能器

在手动模式下调试机器人时,如果不需要移动机器人,必须及时释放使能器(Enable Device)(见图 1-11)。

图 1-11 释放使能器

3. 转换合适的模式

机器人在自动状态下,即使运行速度非常低,其动量仍很大,所以在进行编程、测试及维修等工作时,必须将机器人置于手动模式(见图 1-12)。

项目一
工业机器人安全操作

图 1-12　切换模式开关

4. 随身携带示教器

调试人员进入机器人工作区域时,必须随身携带示教器,以防他人误操作(见图 1-13)。

图 1-13　随身携带示教器

5. 不能擅自进入机器人运动区域

机器人处于自动模式时,任何人员都不允许进入机器人运动区域,以防被误伤(见图 1-14)。

图 1-14 机器人运动区域

6. 突发状况使用急停开关键

机器人在发生意外或运行不正常的情况下，均可使用急停开关键（E-Stop 键），停止运行（见图 1-15）。

  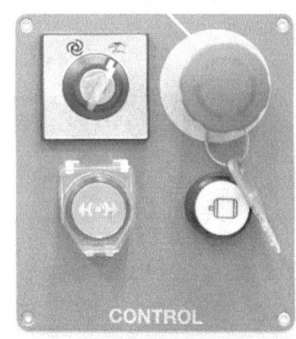

图 1-15 急停开关键（E-Stop 键）

7. 急停开关不允许被短接

急停开关在任何情况下都不允许被短接（见图 1-16）。

图 1-16 急停开关

8. 停机时夹具上不应置物

机器人停机时,夹具上不应置物,应保持空机状态(见图1-17)。

图1-17 机器人空机状态

9. 停电时要切断主电源及气源开关

在得到停电通知时,要预先切断机器人的主电源及气源开关;突然停电时,要赶在来电前预先关闭机器人的主电源开关,并及时取下夹具上的工件(见图1-18)。

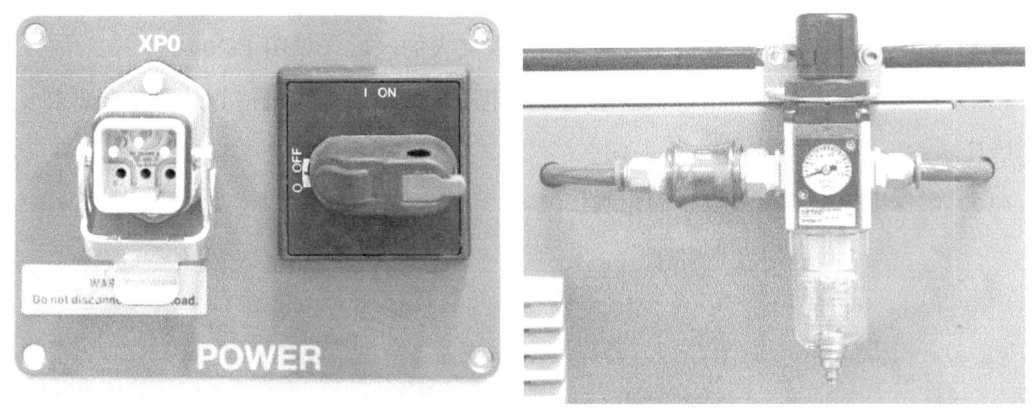

图1-18 主电源及气源开关

10. 发生火灾时,使用二氧化碳灭火器

发生火灾时,请使用二氧化碳灭火器(见图1-19)。

图 1-19　二氧化碳灭火器

任务二　确认工业机器人开关机的安全环境

（1）操作前，请完整阅读和理解购买机器人时提供的手册、规格说明和其他相关文件。完整理解操作、示教、维护等工作过程。同时确认所有安全措施到位并有效。

（2）确认在机器人手臂的运动范围内，没有任何人员、包装材料、夹具或其他各类障碍物。在打开机器人的马达电源之前，请确认机器人是否符合机器人的安装与连接要求，并按照正确的流程打开机器人。

（3）消除固定设备和移动设备之间任何可能夹人的区域（见图 1-20）。

（4）连接电源电缆前，请确认供电电源的电压、频率、电缆规格等是否符合要求（见图 1-21）。

（5）确保电控箱和周边设备的正确接地。

图 1-20　停机时夹具示意　　　　图 1-21　切断主电源及电气示意

任务三 确认工业机器人示教操作的安全环境

机器人操纵区域内有工作人员、末端操作器伤害了工作人员或机器设备时，应立即按下任意紧急停止按钮。例如，示教器和控制柜上的急停开关（见图1-22）。

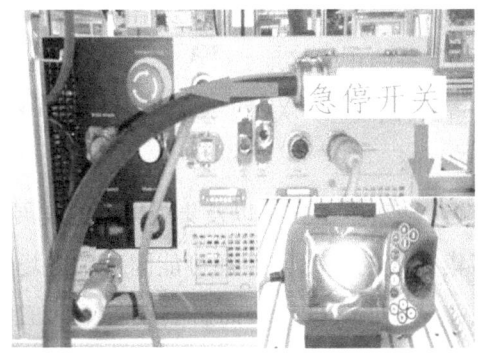

图1-22 示教器和控制柜上的急停开关

（1）紧急停止状态的恢复处理。

从紧急停止状态恢复是一个简单却非常重要的步骤。当系统存在的危险完全排除后才能进行此恢复操作，被"锁住"的急停开关必须通过旋转才可以打开，最后还需要按下电机上的"开"按钮，系统才能从紧急停止状态恢复正常操作（见图1-23）。

（2）紧急停止状态的恢复操作步骤如下。

① 旋转急停开关，使其复位，示教器显示系统处于"紧急停止后等待电机开启"状态。

② 按下控制柜上的电机"开"按钮。

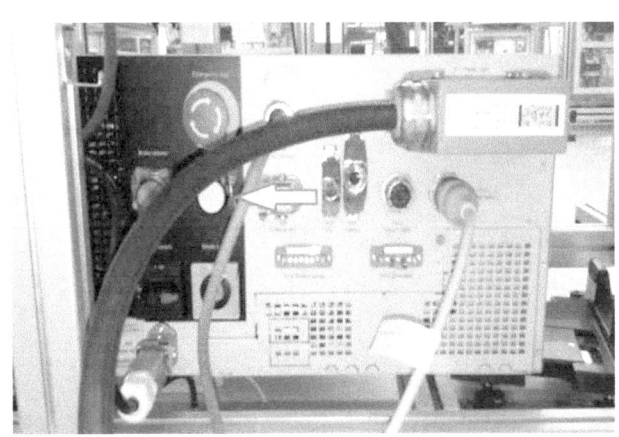

图1-23 控制柜抱闸按钮

任务四　确认工业机器人电源环境安全

危险的电源环境会对机器人造成永久的损坏，工作开始前需确认机器人的电源环境安全。

（1）连接电源电缆前，确认供电电源的电压、频率、电缆规格等是否符合要求。

（2）确保电控箱和周边设备的正确接地。

（3）检修时切断气源，在关闭气源开关时要注意机器人气路系统中的压力可达0.6MPa，因此任何相关检修都要切断气源。

（4）注意静电放电危险，随着电子技术以及集成电路的发展，电子设备日趋小型化、多功能及智能化。然而高集成度的电路元件都可能因静电电场和静电放电（ESD）引起失效，导致电子设备锁死、复位、数据丢失而影响设备正常工作，使设备可靠性降低，造成损坏。因此，研究电子设备所造成的ESD原理和危害，避免ESD的发生具有重要意义。

项目二 工业机器人安装

任务一 使用动力电缆正确连接工业机器人控制柜和工业机器人本体

(1) 将控制柜安放到合适的位置,左右两侧和背面需要留出足够的空间(见图 2-1)。

图 2-1 控制柜摆放位置

(2) 将动力电缆标注为 XP1 的插头接入控制柜 XS1 的接口上,安装时注意接头的插针与接口的插孔对准,并锁紧插头(见图 2-2)。

图 2-2 锁紧控制柜动力电缆

（3）将动力电缆另一端的插头接入工业机器人本体底座对应的 R1.MPa 接口上，连接时注意插针与插孔对准（见图 2-3）。

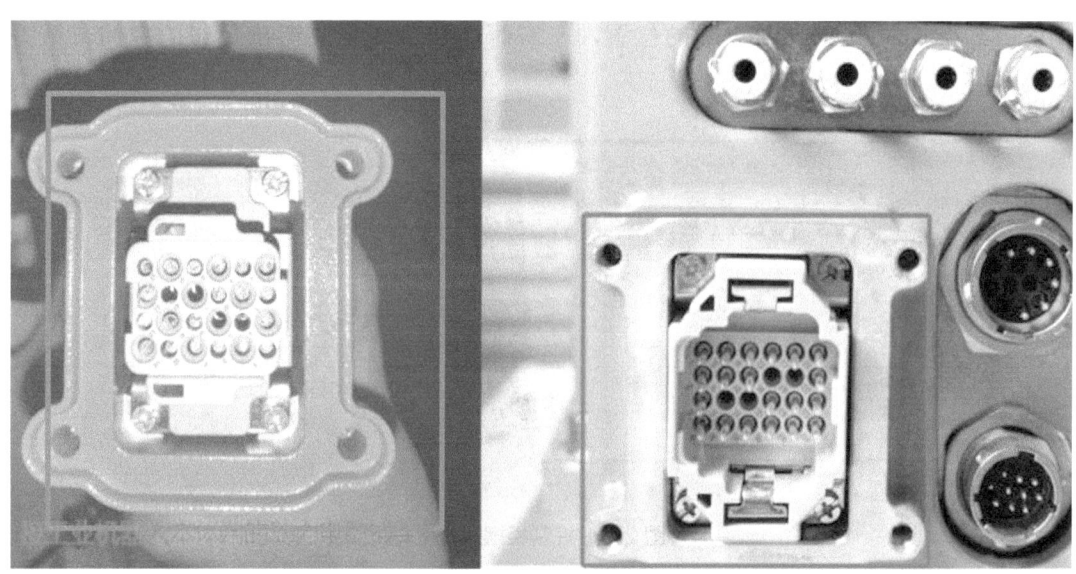

图 2-3 对准机械臂处动力电缆

（4）使用一字螺丝刀锁紧动力电缆上的螺钉，考虑到受力平衡，锁紧时需要按照十字对角的顺序锁紧螺钉。

图 2-4 锁紧机械臂处动力电缆

任务二 安装快换装置主端口

机器人快换装置有公端（机器人端）和母端（工具端），公端内部有锁定气路和工具控制气路。锁定气路由活塞、第一驱动气腔和第二驱动气腔组成。活塞设置在公端壳中间将公端壳体内腔体分隔为第一驱动气腔（紧锁气路）和第二驱动气腔（释放气路），第一驱动气腔通过第一进气口与外部相连通，第二驱动气腔通过第二进气口与外部相连通；第一驱动气腔内设有复位弹簧，公端固定块上均匀分布有若干锥形孔，滚珠位于锥形孔内，滚珠通过锥形孔与滑动块接触配合；母端固定块固装在母端壳体内；母端固定块环形内壁上设置有环向的凹槽，凹槽与公端的滚珠相配合，当第一气腔通气时，滚珠突出锁紧母端（见图 2-5）。

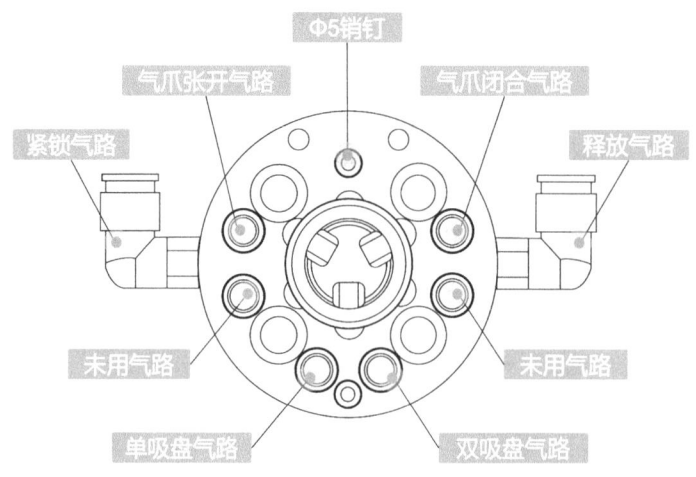

图2-5 机器人快换装置

快换装置的安装：首先将工具快换系统的公端安装到工业机器人的第六轴法兰盘上，销钉孔对齐；其次按照控制要求，完成法兰端快换模块气路接线，包括锁定气路和工具控制气路。负压气路用透明气管（见图2-6）。

图2-6 机器人快换装置安装

任务三　机器人的外围连接

1.机器人本体接口介绍

（1）IRB120机器人底座电气接口和接口参数（见图2-7、图2-8）。

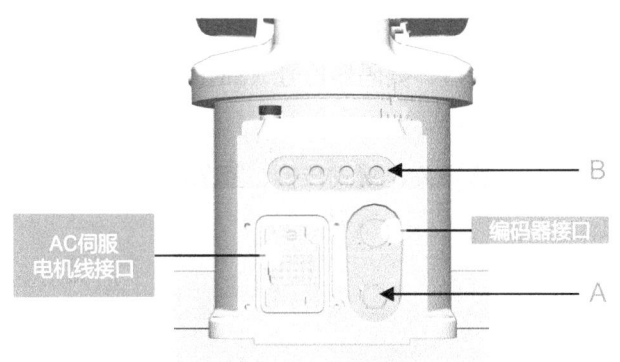

图 2-7　IRB120 机器人底座电气接口

位置	连接	描述	编号	值
A	R3.CP/CS	客户电力/信号	10	49V，500mA
B	空气	最大5bar	4	内壳直径4mm

图 2-8　底座电气接口参数

（2）IRB120 机器人手臂电气接口和接口参数（见图 2-9、图 2-10）。

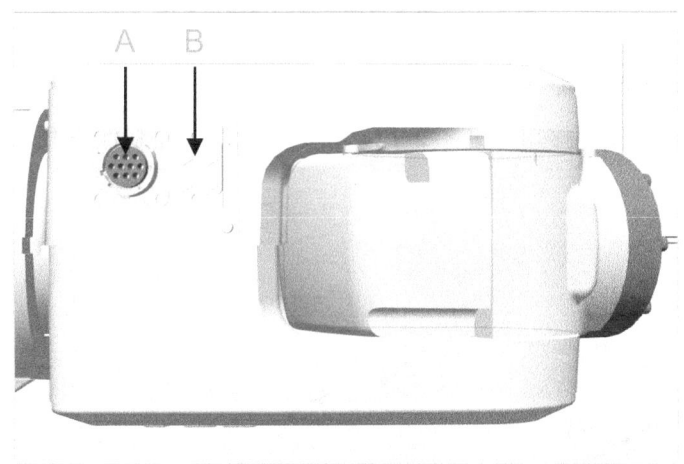

图 2-9　IRB120 机器人手臂电气接口

位置	连接	描述	编号	值
A	R3.CP/CS	客户电力/信号	10	49V，500mA
B	空气	最大5bar	4	内壳直径4mm

图 2-10　IRB120 机器人手臂电气接口参数

2. 控制柜接口介绍

主要接线端口有动力电缆接口、编码器信号（SMB）电缆接口、输入电源电缆接口、力控制选项电缆接口。

控制柜的面板开关有电源总开关、模式转换、紧急停止按钮、上电指示灯、制动抱闸释放按钮（见图2-11）。

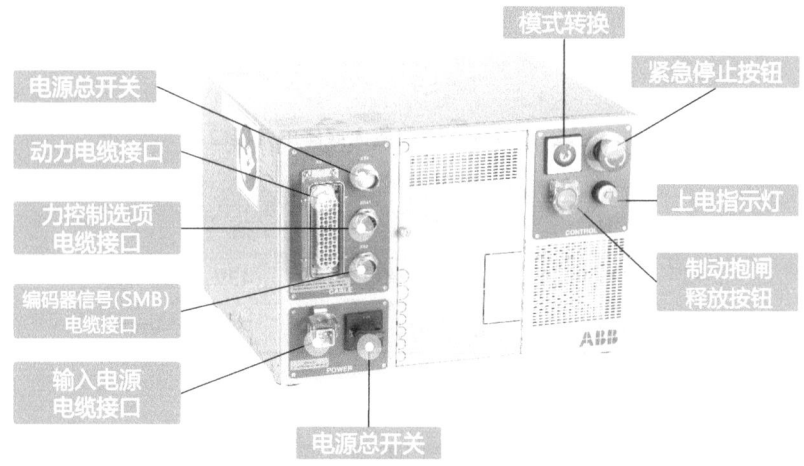

图2-11 工业机器人控制柜接口介绍

3. 电缆连接方法和步骤

工业机器人本体底座接口（见图2-12）和工业机器人控制柜正面示意（见图2-13）如下。

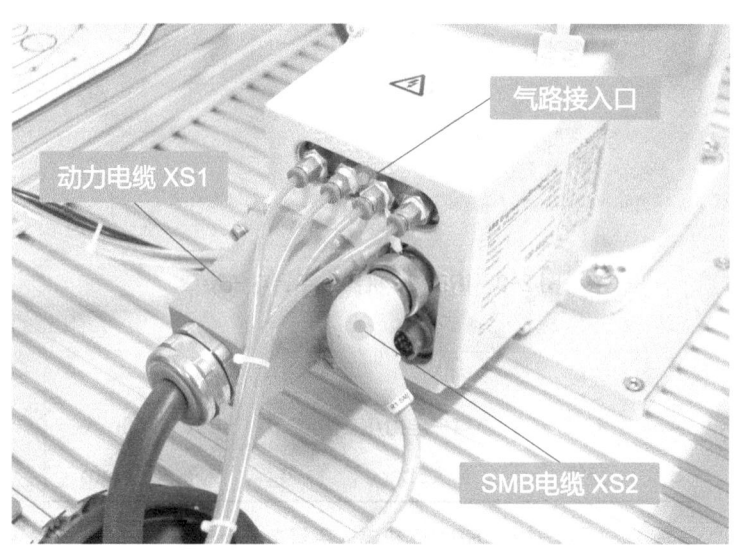

图2-12 工业机器人本体底座接口

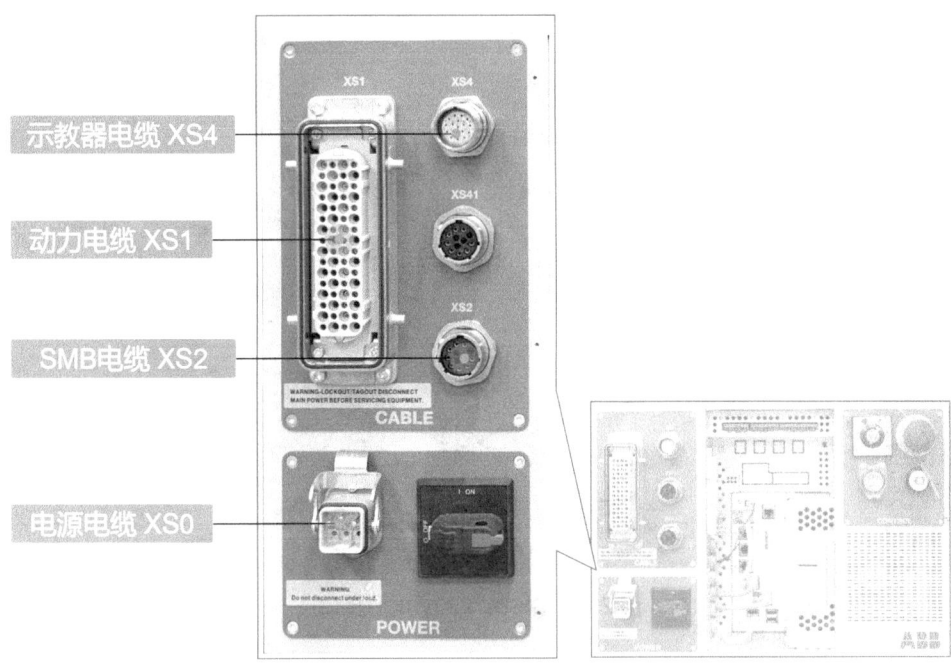

图 2-13　工业机器人控制柜正面

（1）电源电缆与控制柜 XS0 的连接（见图 2-14、图 2-15）。

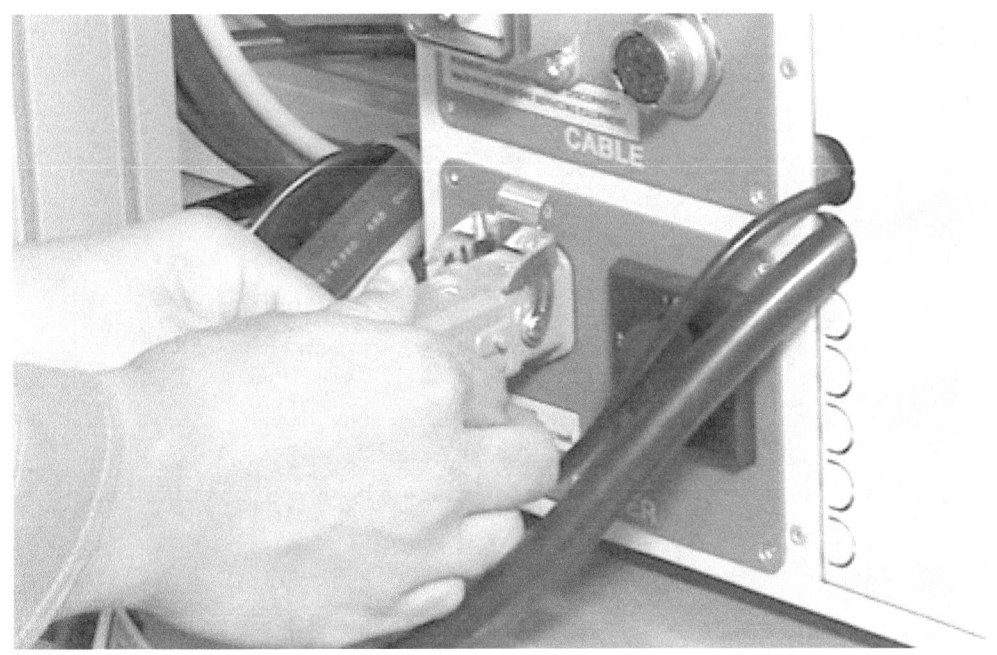

图 2-14　连接电源

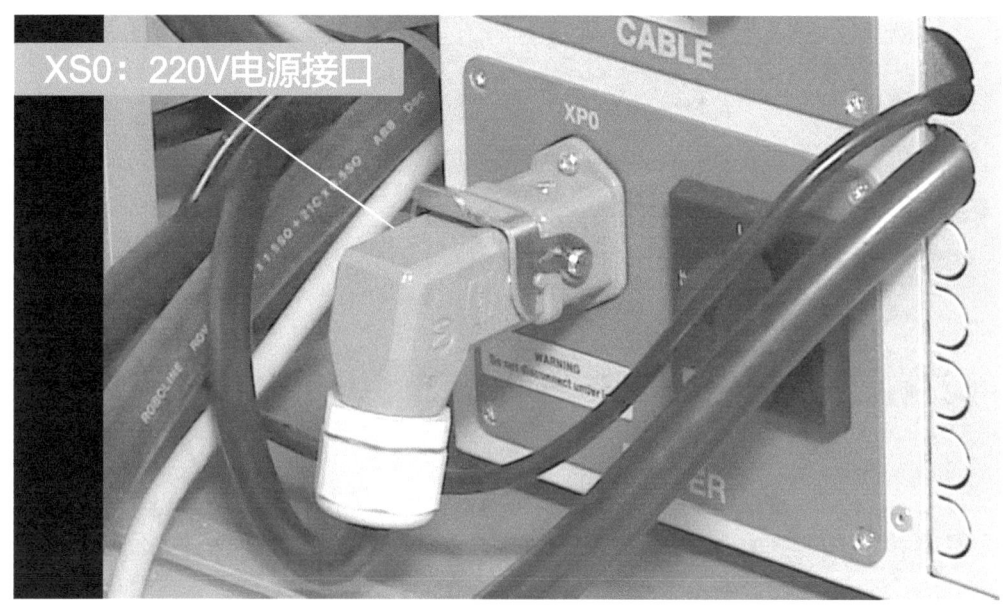

图 2-15 XS0:220V 电源接口

(2)动力电缆(XS1)的连接。

① 将 XS1 机器人动力电缆一端连接到机器人本体底座接口(见图 2-16)。

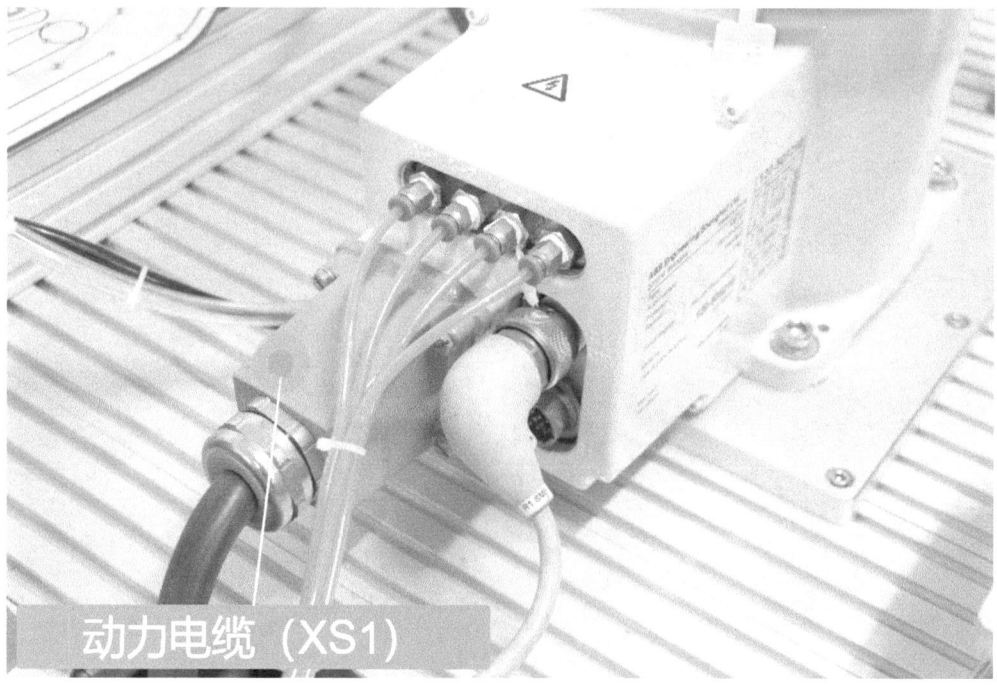

图 2-16 动力电缆(XS1)连接到机器人本体底座接口

② 将 XS1 机器人动力电缆的另一端连接到控制柜上对应的接口（见图 2-17）。

图 2-17　动力电缆（XS1）连接到控制柜上对应的接口

(3) SMB 电缆（XS2）的连接。

① 将机器人 SMB 电缆 XS2 的一端连接到机器人本体底座接口（见图 2-18）。

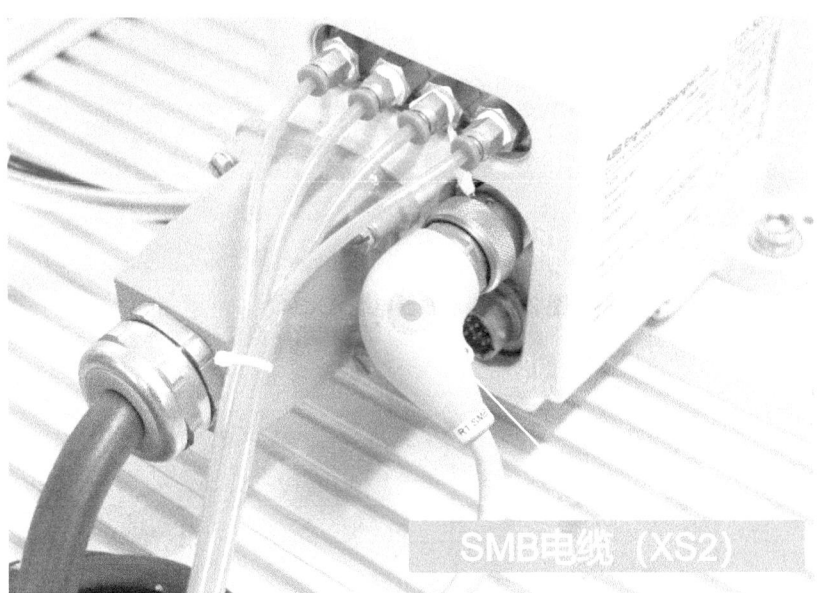

图 2-18　SMB 电缆（SX2）连接到机器人本体底座接口

② 将机器人 SMB 电缆 XS2 的另一端连接到控制柜上对应的接口（见图 2-19）。

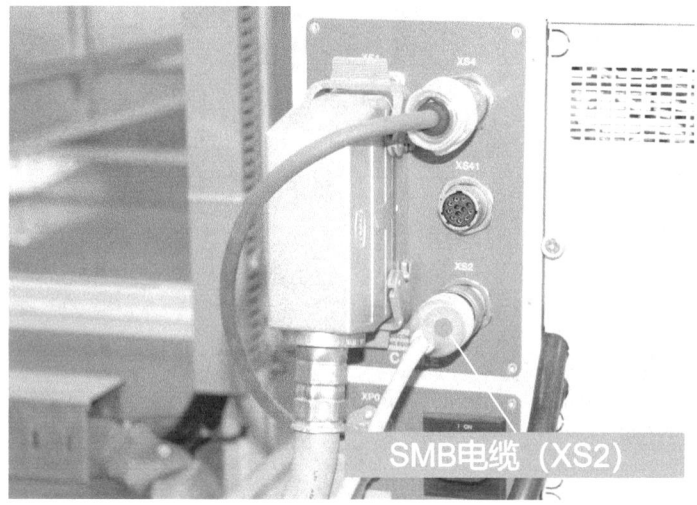

图 2-19　SMB 电缆（XS2）连接到控制柜上对应的接口

（4）示教器电缆（XS4）的连接。

将电源电缆 XS0 接入控制柜电源接口处（见图 2-20、图 2-21）。

图 2-20　示教器电缆（XS4）

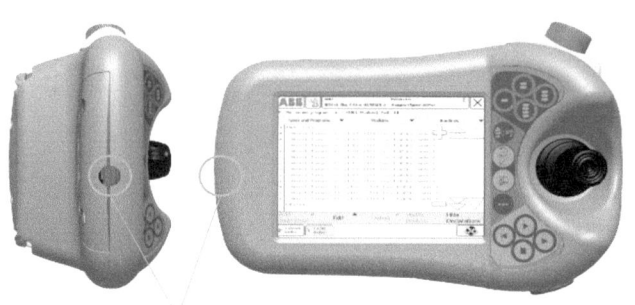

图 2-21　示教器连接接口

项目三 工业机器人系统的安装调试

任务一 工业机器人系统机械安装调试

1. 异形芯片原料单元装配图

根据装配图进行异形芯片原料单元的安装（见图3-1）。

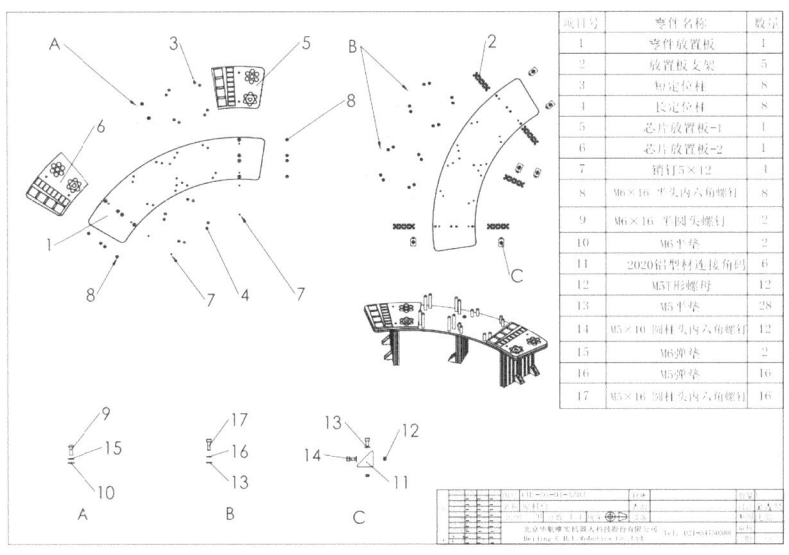

图3-1 异形芯片原料单元装配图

2. 异形芯片装配单元装配图

根据装配图进行异形芯片装配单元的安装（见图3-2）。

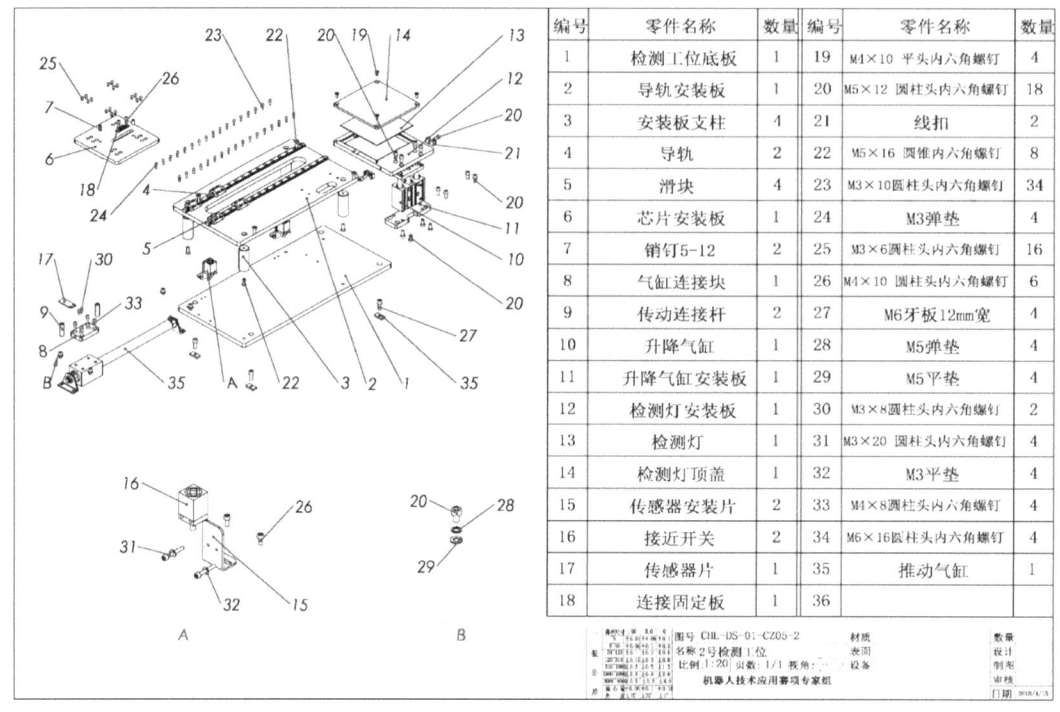

图3-2 异形芯片装配单元装配图

3. 安装装配检测工位

首先在工具箱内选择正确的工具，然后按照从下到上、从内到外的顺序，逐一安装每个装配检测工位（见图3-3）。

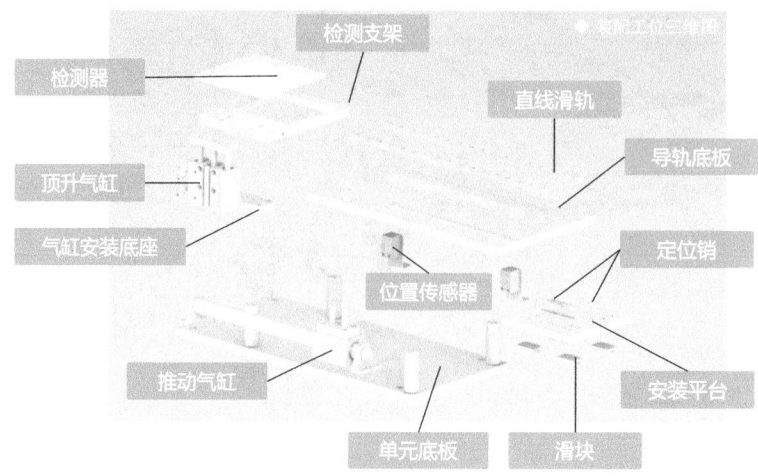

图3-3 异形芯片装配工位

4. 涂胶轨迹板装配图

分析图纸可以总结出常规的机械装配图包含下列内容。

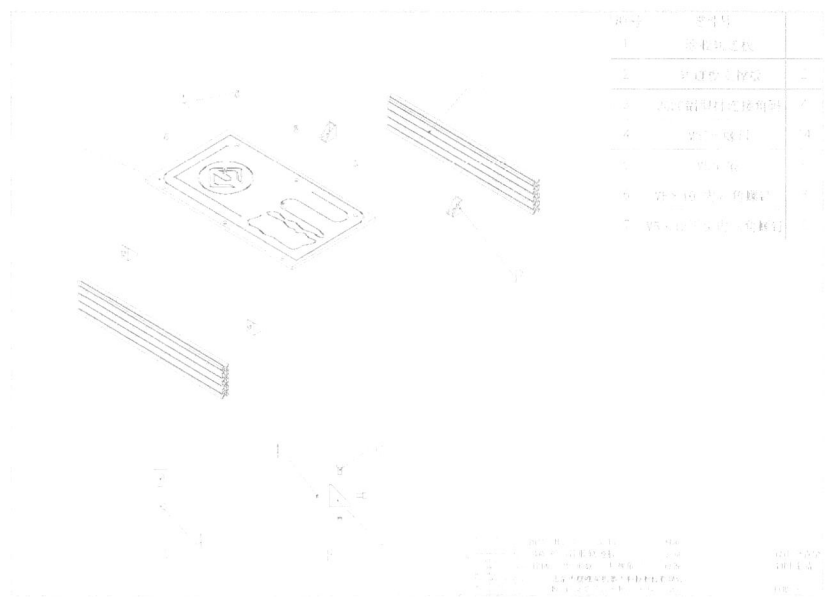

图 3-4　涂胶轨迹板装配图

5. 码垛物料滑槽装配图

根据装配图进行码垛物料滑槽的安装（见图 3-5）。

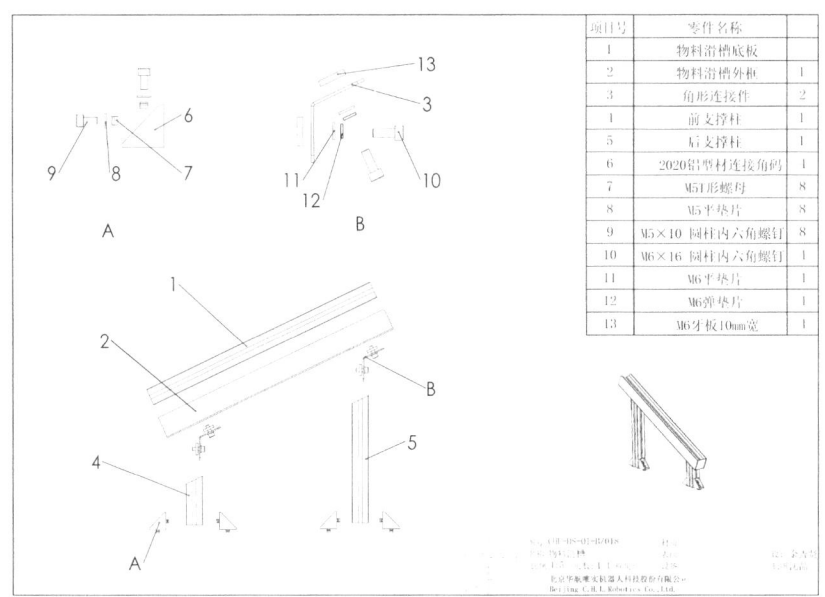

图 3-5　码垛物料滑槽装配图

6. 码垛工位装配图

根据装配图进行码垛工位的安装（见图3-6）。

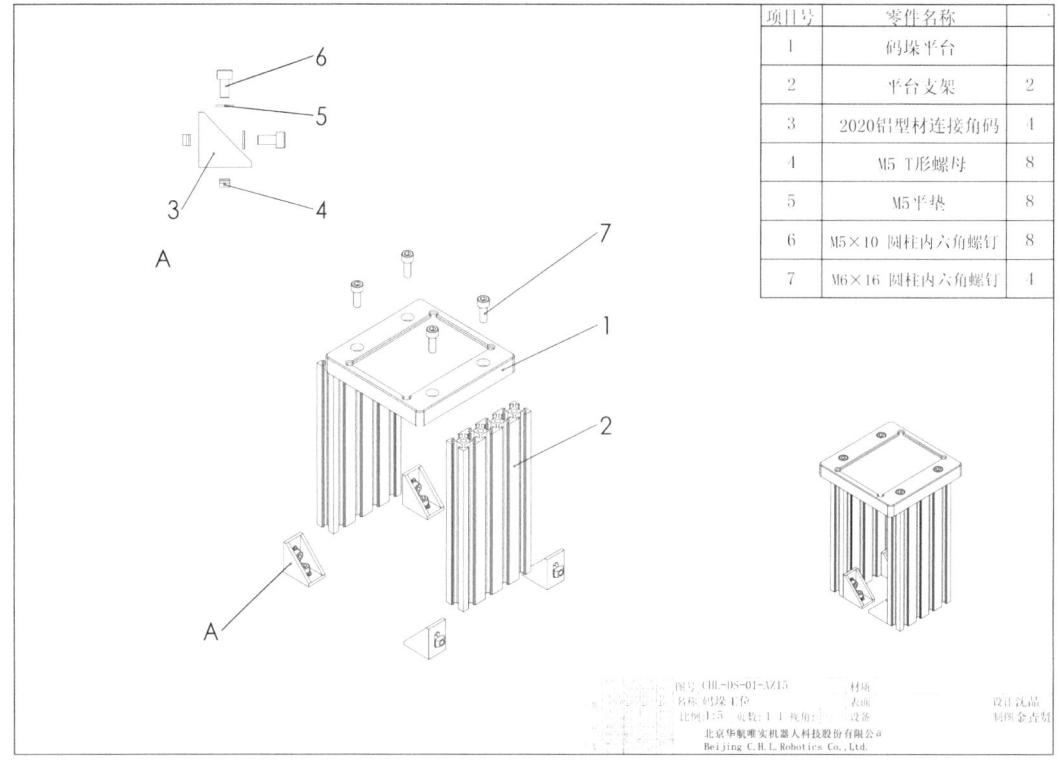

图 3-6 码垛工位装配图

（1）一组视图。

用一组图形（视图、剖视图、剖面图等）表达机器或部件的工作状况、整体结构、零部件之间的装配连接关系及主要零件的结构形状（见图3-7）。

装配图的视图要求如下。

① 正确。投影关系正确，图样画法和标注方法符合国家标准中的规定。

② 完全、确定。装配图表示的内容应完全、确定，但是不要求把部件中每个零件的结构和形状表示得完全、确定。

③ 清晰、合理。图形清晰，便于阅读者迅速读懂、理解和进行空间想象。

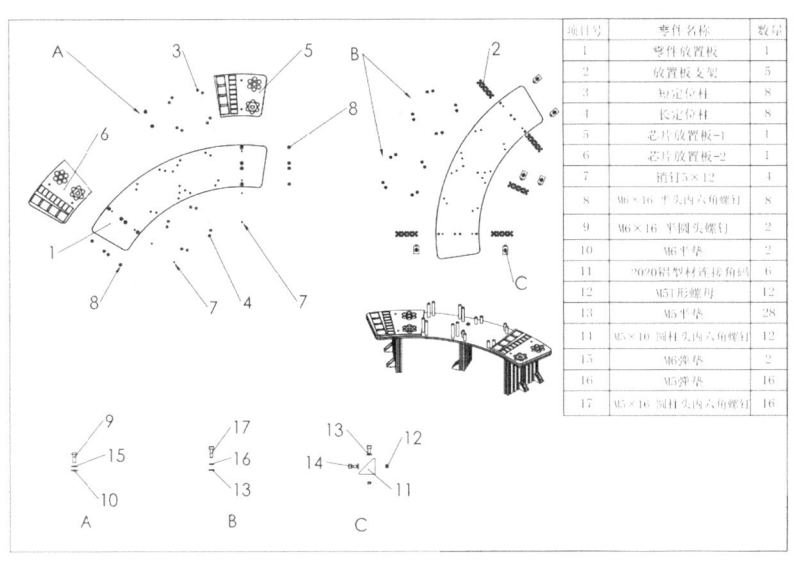

图 3-7 原料台的一组视图

（2）必要尺寸。

必要尺寸是反映机器的性能、规格、零件之间的定位、配合要求、安装情况等必要的数据信息。必要尺寸一般包含下列几个类型。

① 性能尺寸。表示部件或机器人的性能和规格的尺寸，是设计和选用部件或机器人的主要依据。

② 装配尺寸。表示装配体各零件之间装配关系的尺寸，包含零件之间的配合尺寸和重要相对位置尺寸。配合尺寸表示两个零件之间的配合性质和相对运动情况，是分析部件工作原理的重要依据，也是设计零件和制定装配工艺的重要依据。相对位置尺寸是零件之间、部件之间或它们与机座之间必须保证的相对位置距离。

③ 外形尺寸。部件或机器的总长、总宽和总高。它表示安装部件或机器时和部件或机器工作时所需要的空间。有时也表示部件或机器在包装、运输时所需要的空间。

④ 安装尺寸。部件之间、部件与机体之间、机体与底座之间安装时需要的尺寸（见图 3-8）。

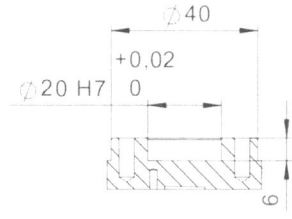

图 3-8 工业机器人法兰端机械接口的尺寸

（3）零件编号及明细栏。

按生产和管理的要求，需要按一定的方式和格式，将所有零件编号并列成表格，以说明各零件的名称、材料、数量、规格等内容。相同的零件使用同一个序号，一般只标注一次（见图3-9）。

① 明细栏。一般配置在标题栏的上方，按照自下而上的顺序填写，其数量根据需要而定。当自下而上的延伸位置不够时，可紧靠在标题栏的左侧自下而上地延续。

② 技术要求。用文字或代号说明机器或部件在装配、检验、使用等方面必须遵守的技术要求。

③ 标题栏。说明机器或部件的名称、规格、作图比例和图号，以及设计、审核人员等。

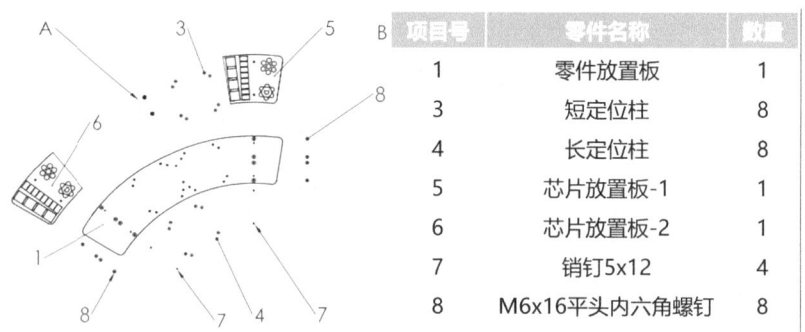

图3-9 原料台的零件编号及明细栏

（4）常用机械标注符号。

进行工作站机械原理图的识读前，需要掌握机械原理图中的标注符号。常用标注符号如图3-10所示。

序号	名称	标注符号		序号	名称	标注符号
1	直径	⌀		8	球面半径	SR
2	半径	R		9	球形直径公差值	S⌀
3	位置公差	⊕		10	沉孔或锪平	⊔
4	自由状态的变化	Ⓕ		11	线轮廓度	⌒
5	深度	↓		12	直度	—
6	圆度	○		13	埋头孔	∨
7	正方形	□				

图3-10 常用机械标注符号

任务二 工业机器人系统电气安装调试

1. 工作站工具快换模块

如图3-11所示为工作站工具快换模块气动原理图。

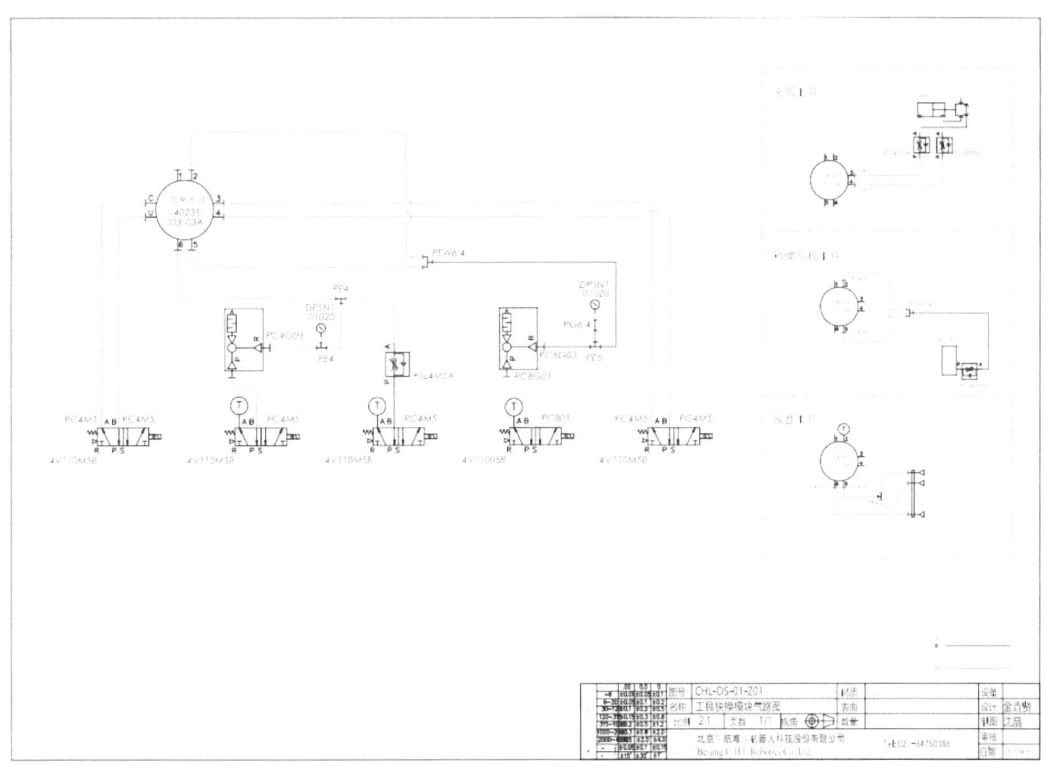

图3-11 工作站工具快换模块气动原理图

2. 工作站检测单元

如图3-12所示为工作站检测单元气动原理图。分析图纸可以总结出常规的气动原理图包含以下三方面内容。

（1）使用标准气动符号表示气动元件。

（2）通过连线来表示各个气动回路关系。

（3）使用标题栏来说明机器或零件的名称、规格、作图比例和图号，以及设计、审核人员等。

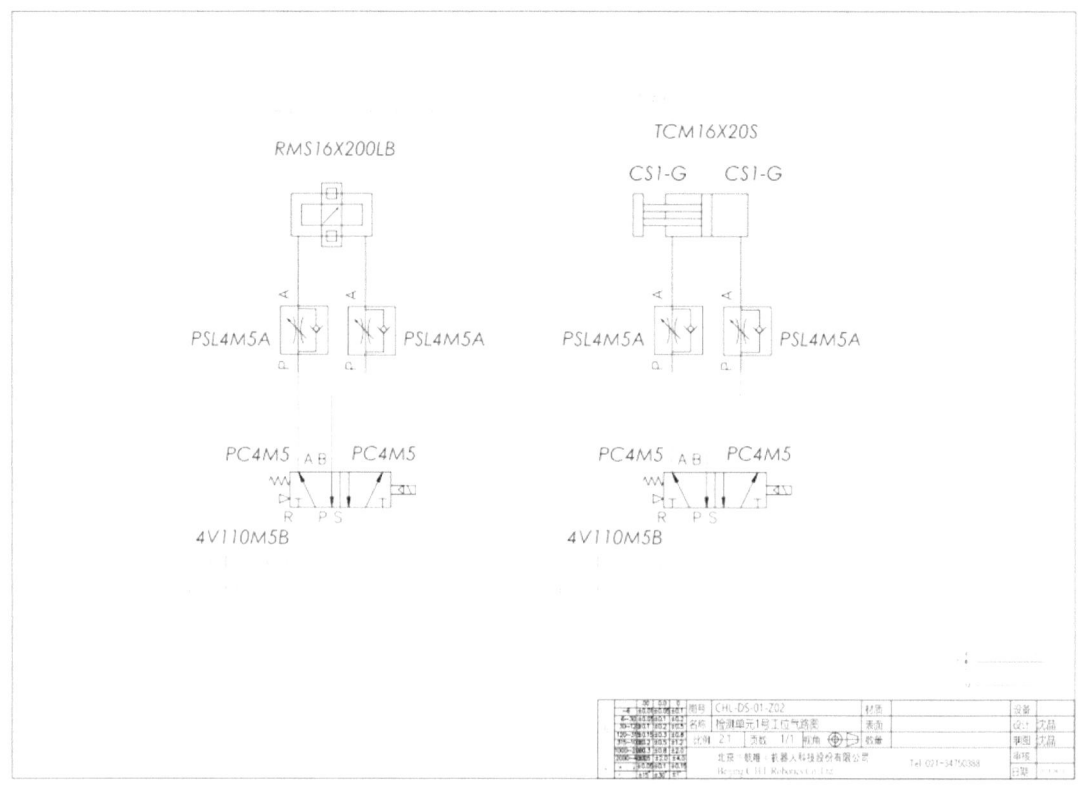

图 3-12 工作站检测单元气动原理图

3. 工作站检测工位电路

如图 3-13 所示为工作站检测工位电路接线图。

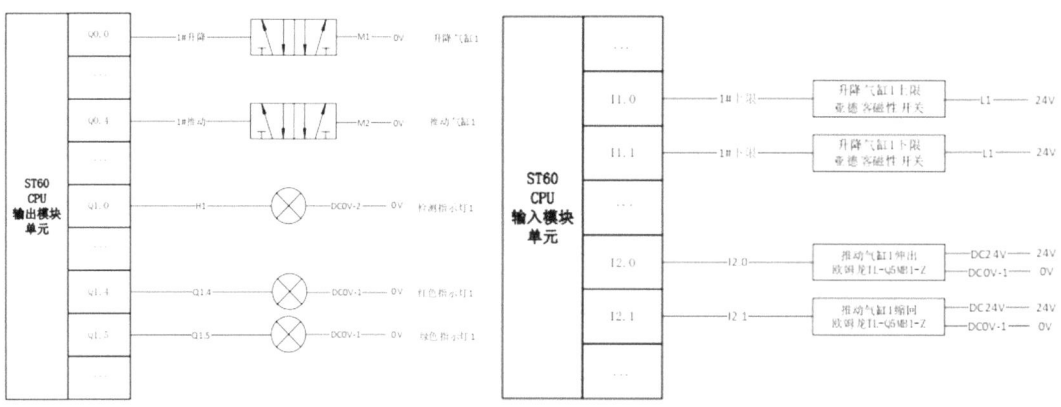

图 3-13 工作站检测工位电路接线图

项目三 工业机器人系统的安装调试

4. 工业机器人视觉识别系统

本视觉识别系统使用欧姆龙 FH L550 视觉系统，该系统由智能相机、光源控制器、光源等硬件组成（见图 3-14）。

 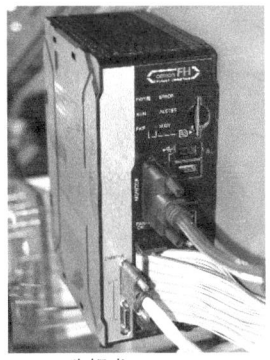 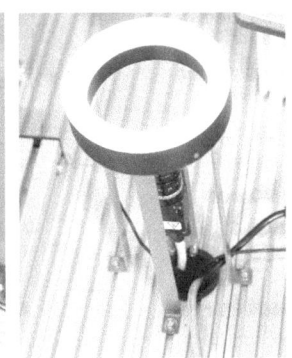

欧姆龙FH L550　　　　欧姆龙FH L550　　　　智能相机和光源实物
视觉系统智能相机　　　视觉系统控制器

图 3-14　欧姆龙 FH L550 视觉系统

5. 欧姆龙视觉传感器控制器

欧姆龙视觉传感器控制器的基本控制流程如图 3-15 所示。首先，PLC 输入测量触发等控制命令给视觉系统传感器控制器，视觉系统通过智能相机来测量，再由传感器控制器处理并输出测量结果给 PLC。

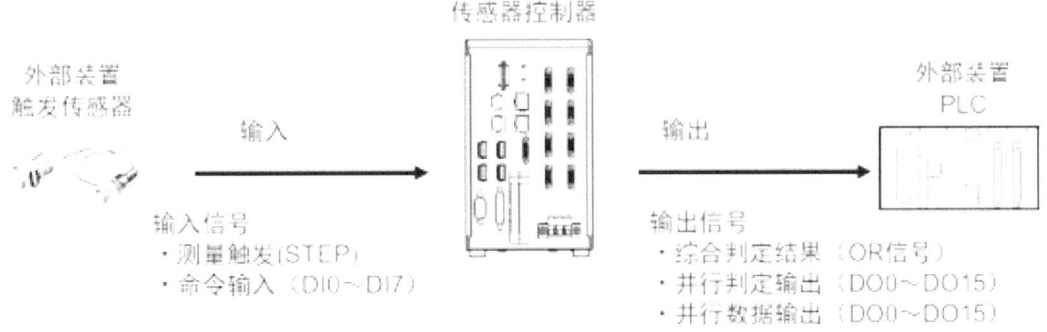

图 3-15　欧姆龙视觉传感器控制器的基本控制流程

（1）常用电气符号

进行工作站电气原理图的识读前，需要掌握电气原理图中的电气符号。常用电气符号如图 3-16 所示。

序号	名称	电气符号	序号	名称	电气符号
1	动合（常开）触点		9	延时断开的动合触点	
2	动断（常闭）触点		10	延时闭合的动断触点	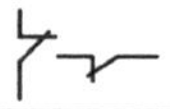
3	自动复位的手动按钮开关		11	延时闭合的动合触点	
4	无自动复位的手动旋转开关		12	延时断开的动断触点	
5	接触器的主动合触点		13	带动合触点的位置开关	
6	继电器线圈		14	带动断触点的位置开关	
7	缓慢吸合继电器线圈		15	带动断触点的热敏自动开关	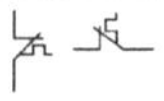
8	缓慢释放继电器线圈				

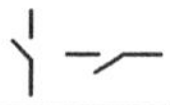

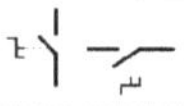

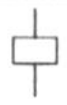

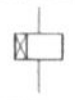

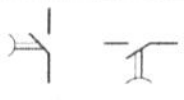

图 3-16 常用电气符号

（2）常用气动符号

进行工作站气动原理图的识读前，需要掌握气动原理图中标识的元器件以及相关的控制符号。气动原理图中常用的气动符号如图 3-17 所示。

序号	名称	气动符号	序号	名称	气动符号
1	二位五通方向控制阀，电磁铁操纵杆，弹簧复位		8	电动机	
2	单向节流阀		9	压力表	
3	真空发生器		10	双作用单杆缸	
4	真空压力表		11	流量控制阀	
5	单作用电磁铁，动作指向阀芯				
6	单作用电磁铁，动作背向阀芯				
7	单向阀，只能在一个方向自由流动				

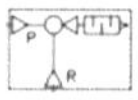

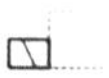

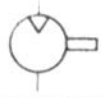

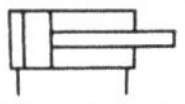

图 3-17 常用气动符号

项目四　工业机器人的维护维修

任务一　工业机器人的基本维护

一、微校

轴 5、轴 6 校准位置。

（1）关闭机器人的所有电力与气压供给。

（2）从校准针脚上拆下所有阻尼器（见图 4-1）。

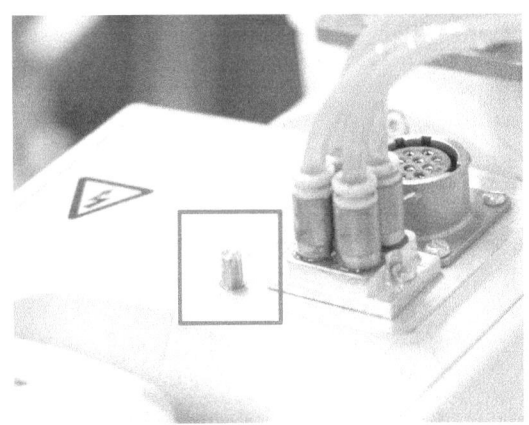

图 4-1　校准针脚

(3)将校准工具安装到轴 6 上(见图 4-2)。

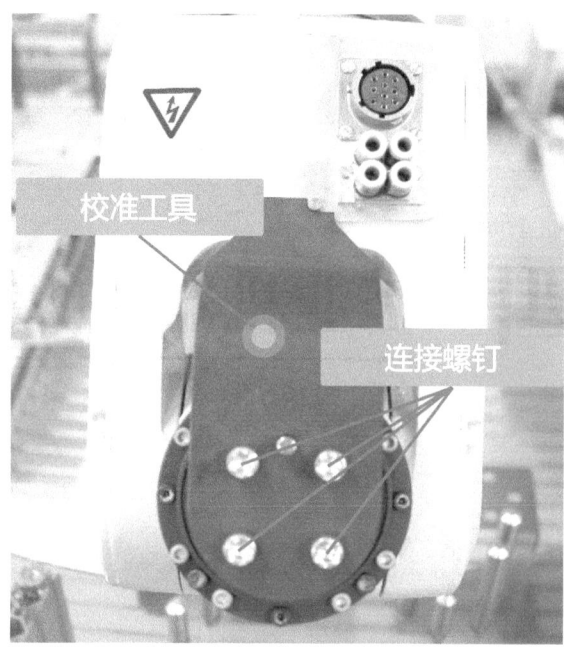

图 4-2　安装校准工具

(4)释放制动闸。

(5)手动旋转轴 4、轴 5 和轴 6,直至每个轴的两个校准针脚相互接触(见图 4-3)。

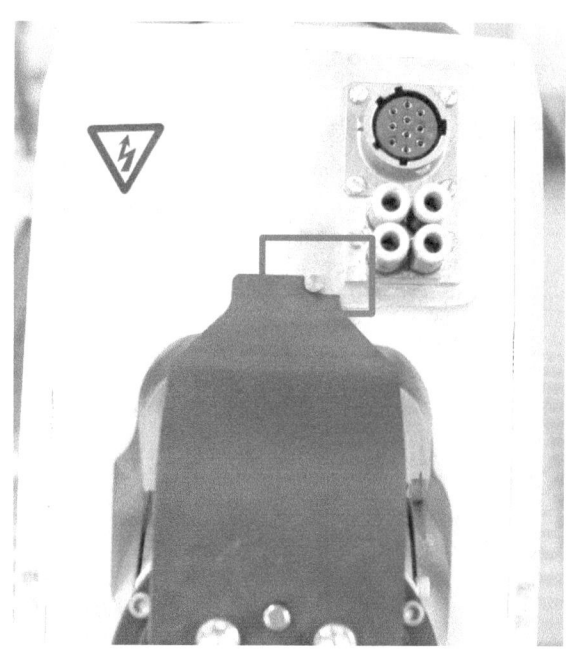

图 4-3　轴 5、轴 6 校准位置

（6）在示教器上单击"校准"（见图4-4）。

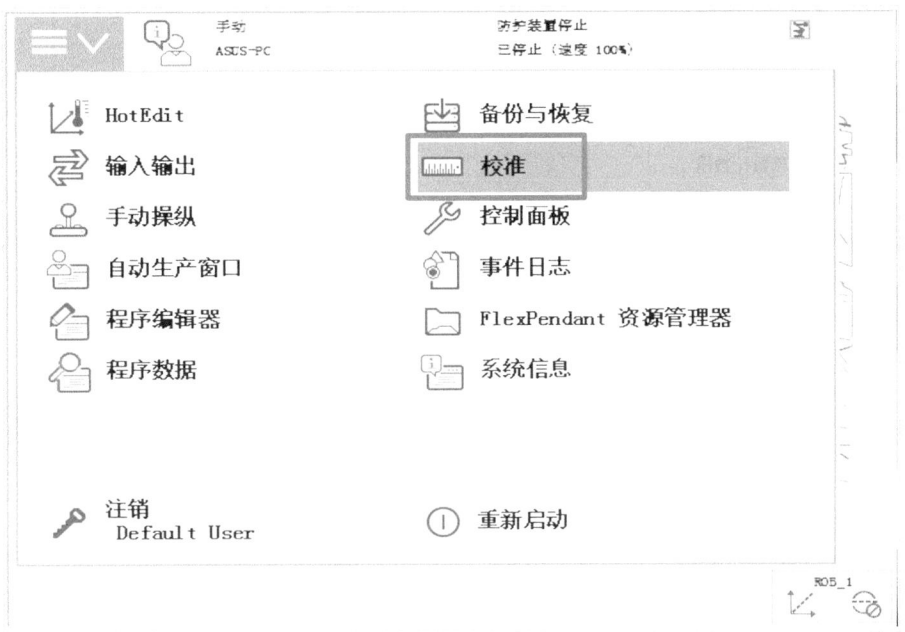

图4-4　校准（1）

（7）单击"ROB_1"（见图4-5）。

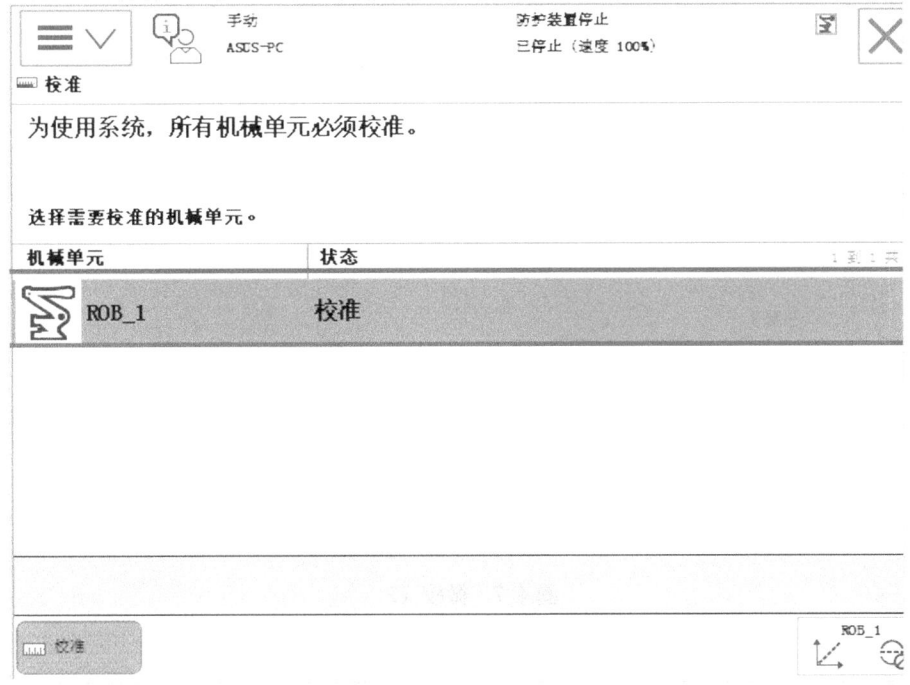

图4-5　校准（2）

(8)依次单击"校准参数""微校……"(见图4-6)。

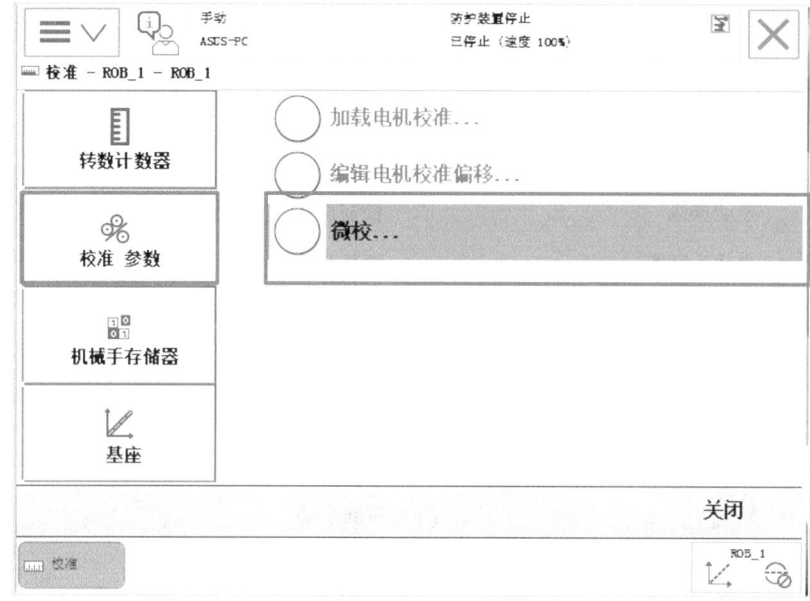

图 4-6 微校(1)

(9)在弹出的对话框中,单击"是"按钮(见图4-7)。

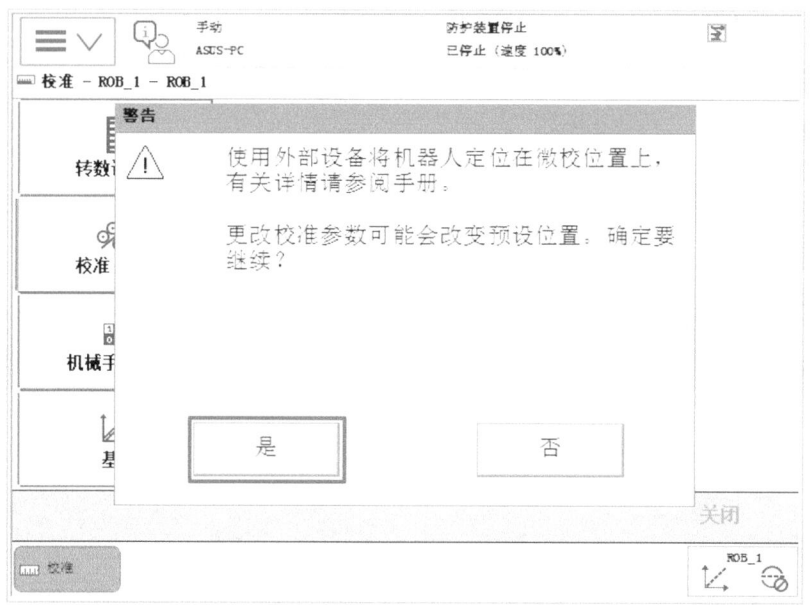

图 4-7 微校(2)

(10)选择轴4、轴5与轴6,单击"校准"按钮(见图4-8)。

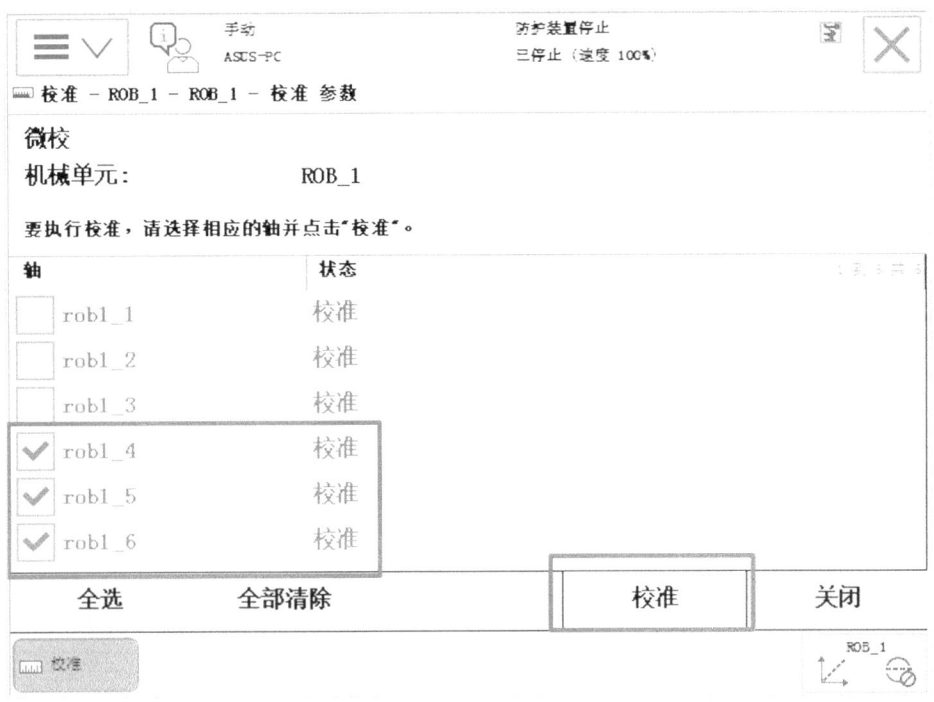

图 4-8 轴 4、轴 5、轴 6 校准

(11) 在弹出的对话框中,单击"校准"按钮(见图 4-9)。

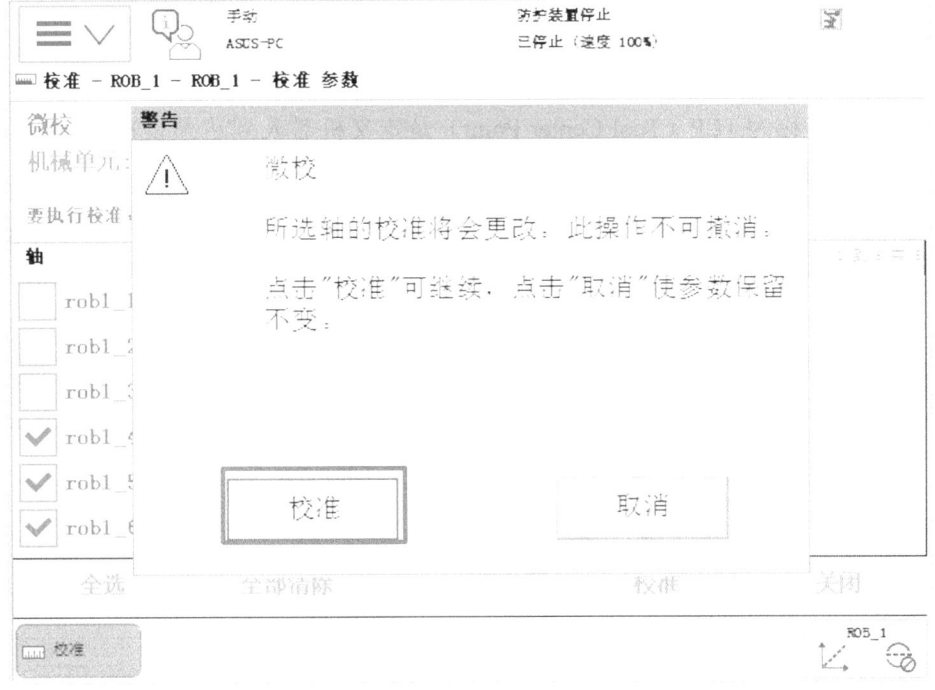

图 4-9 微校(3)

(12) 在弹出的对话框中，单击"确定"按钮（见图4-10）。

图4-10 微校（4）

(13) 校准完成后，请使用FlexPendant将每一个轴推到零度位置。

二、标定工具TCP参数

1. TCP

工具坐标简称为TCP（Tool Center Point）是定义机器人到达预设目标时工具的位置。工具坐标系以工具中心点作为零位，并设定工具的位置和方向。

所有机器人在手腕处都有一个可以预先定义的工具坐标系，该坐标系被称为tool0。那么用户自行设定的新工具坐标可以理解为tool0的偏移值（见图4-11）。

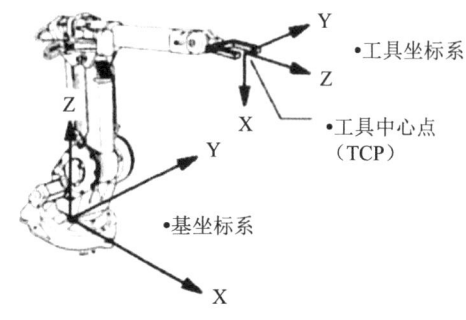

图4-11 机器人工具坐标系

在"线性运动"和"重定位运动"的模式下可以手动选择机器人坐标系。坐标系主要有大地坐标、基坐标、工具、工件坐标（见图4-12）。选择的坐标系不同，坐标原点不同，X、Y、Z轴的方向不同。选择坐标系为工具坐标，初始工具坐标设置为tool0，tool0为轴6法兰盘中心点。选择坐标系为工件坐标，与基坐标一致。

图4-12 机器人的各个坐标系

2. 工具数据

工具数据（tooldata）用于描述安装在机器人轴6工具的TCP、质量、重心等参数数据，其数据影响机器人的控制算法（如计算加速度）、速度和加速度监控、力矩监控、碰撞监控、能量监控等。

一般不同的机器人应用配置不同的工具，如图4-13所示。

◆ 弧焊机器人使用弧焊枪作为工具　　◆ 搬运板材的机器人使用吸盘式的夹具作为工具　　◆ 机器人原始TCP点

图4-13 不同机器人应用配置不同的工具

3. 设定TCP的方法

（1）N（3≤N≤9）点法。机器人的TCP通过N种不同的姿态与参考点接触，得出多组解，通过计算得出当前 TCP 与机器人安装法兰中心点（Tool0）相应位置，其坐标系方向与 Tool0 一致。

（2）TCP 和 Z、X 法。在 N 点法基础上，增加 X 点与参考点的连线为坐标系 X 轴，Z 点与参考点的连线为坐标系 Z 轴，改变了 tool0 的 X 和 Z 方向。

（3）TCP 和 Z 法。在 N 点法基础上，增加 Z 点与参考点的连线为坐标系 Z 轴，改变了 tool0 的 Z 方向。

（4）TCP 取点数量的区别。

① 4 点法：不改变 tool0 的坐标方向。

② 5 点法（TCP+Z）：改变 tool0 的 Z 方向。

③ 6 点法（TCP+X、Z）：改变 tool0 的 X 和 Z 方向（在焊接应用最为常用）。

前三个点的姿态相差尽量大些，这样有利于 TCP 精度的提高。

4. TCP 四点和 Z、X 方向设定方法

（1）TCP 四点设定方法。

① 在机器人工作范围内找一个精确的固定点作为参考点。

② 在工具上确定一个参考点（最好是工具的中心点 TCP）。

③ 移动工具上的参考点（以最少四种不同的机器人姿态尽可能与固定点刚好碰上）。

④ 机器人通过四个位置点的位置数据计算求得 TCP 的数据，保存在 TOOLDATA 这个程序数据中。

⑤ 程序调用 TCP 数据。

（2）TCP 和 Z、X 法设定方法。

① 单击 ABB 按钮，选择"手动操纵"弹出所示窗口（见图 4-14）。

图 4-14　手动操作

② 选择"工具坐标："(见图 4-15)。

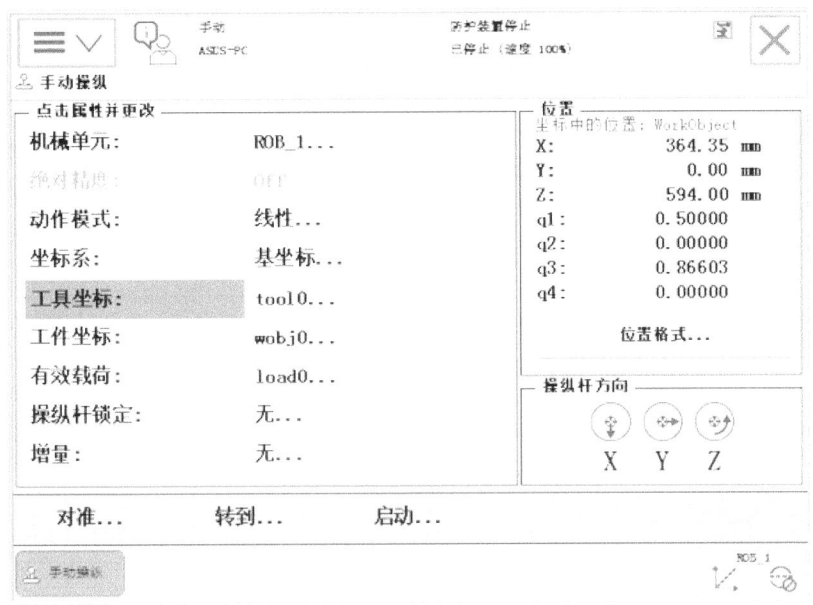

图 4-15　工具坐标

③ 单击"新建…"(见图 4-16)。

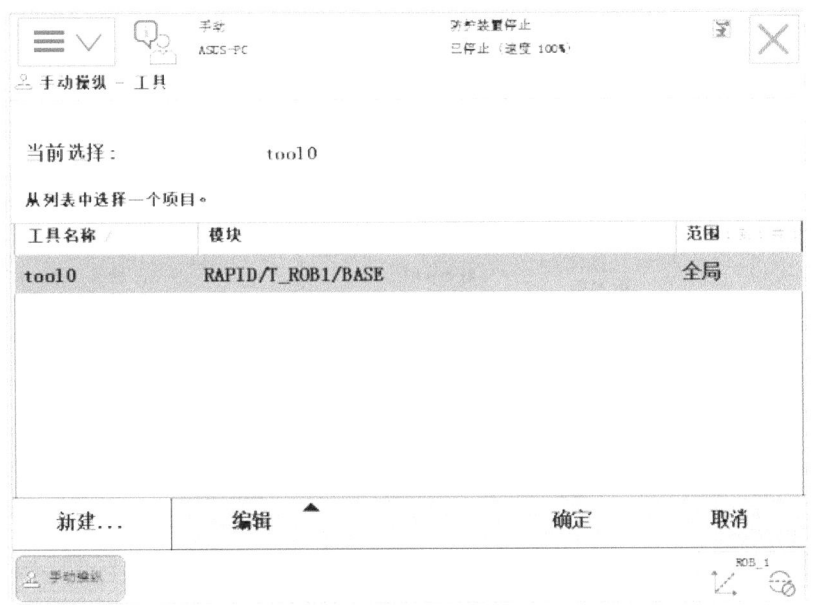

图 4-16　新建工具坐标

④ 选中 tool1，单击"编辑"菜单中的"mass：二"选项，把里面的值更改为"2"（见图 4-17）。

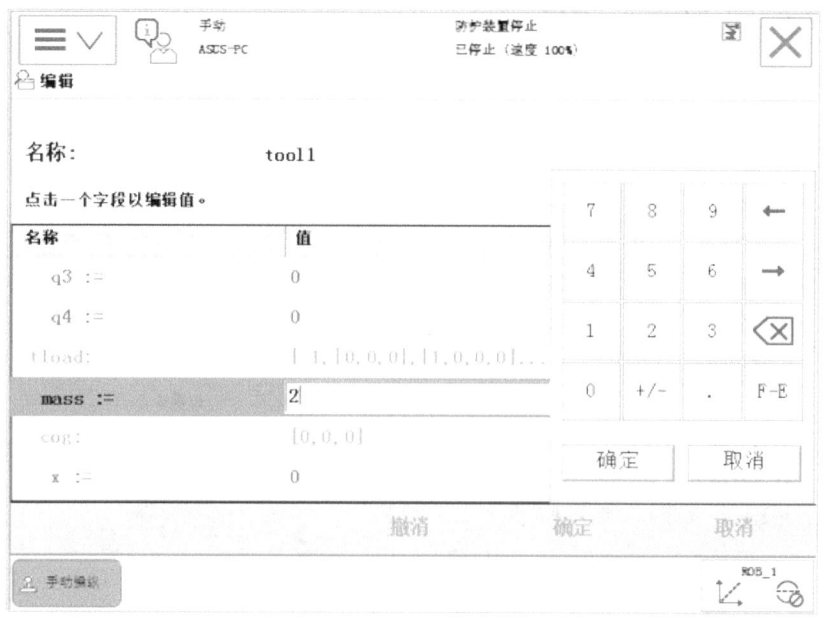

图 4-17 修改重心值

⑤ 选中 tool1,单击"编辑"菜单中的"定义..."选项(见图 4-18)。

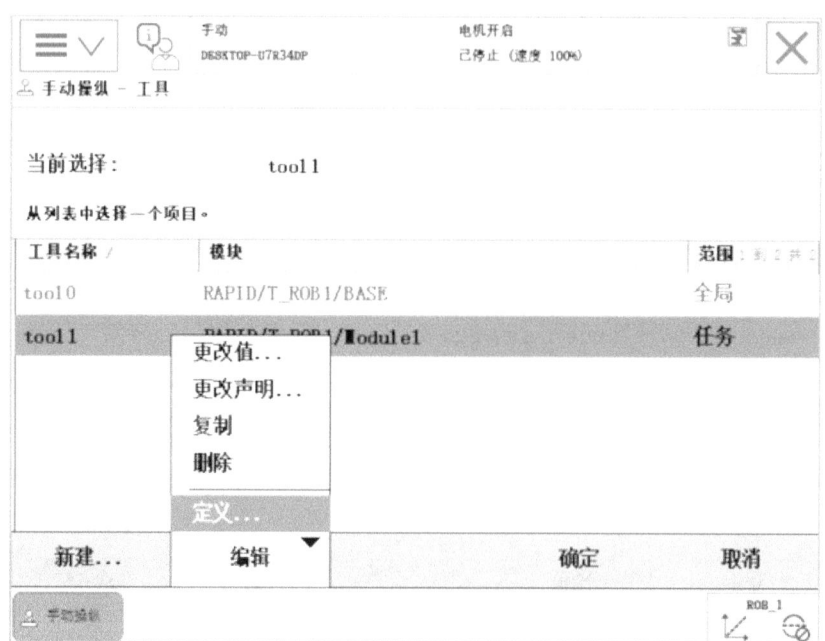

图 4-18 定义工具坐标

⑥ 选择"TCP 和 Z,X","点数"值设为"4"(见图 4-19)。

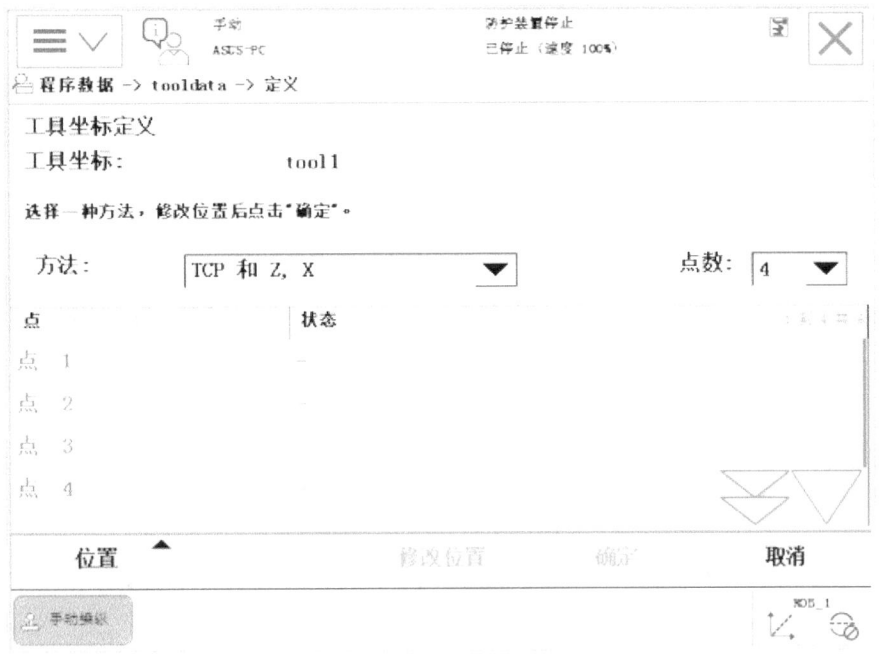

图 4-19 选择方法"TCP 和 Z, X"

⑦ 使用示教器,按下使能键,操作手柄靠近固定点,单击"修改位置"完成第一点的修改(见图 4-20)。

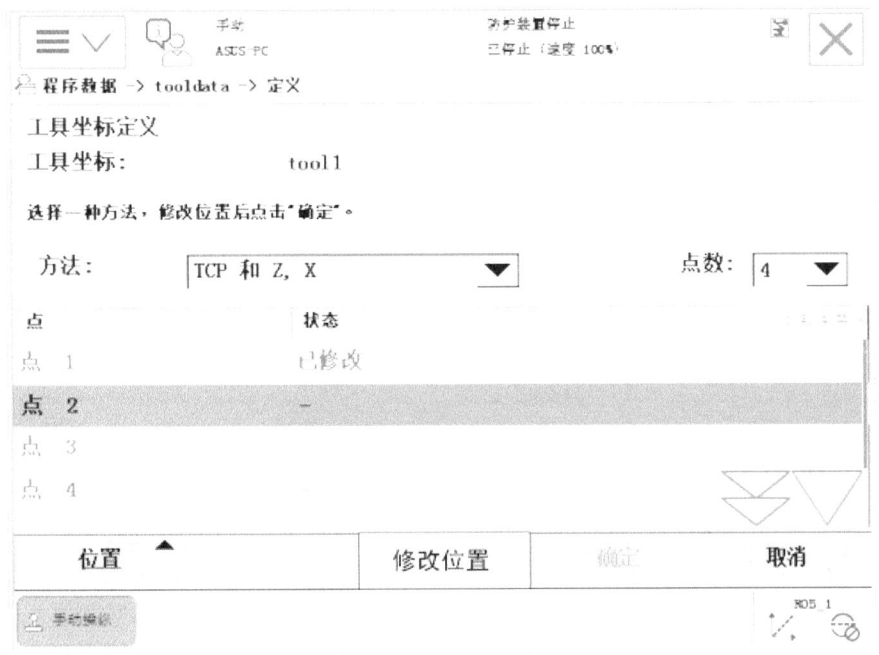

图 4-20 定义工具坐标点 1

⑧ 按照上面的操作依次完成对点 2、3、4 的修改（见图 4-21）。

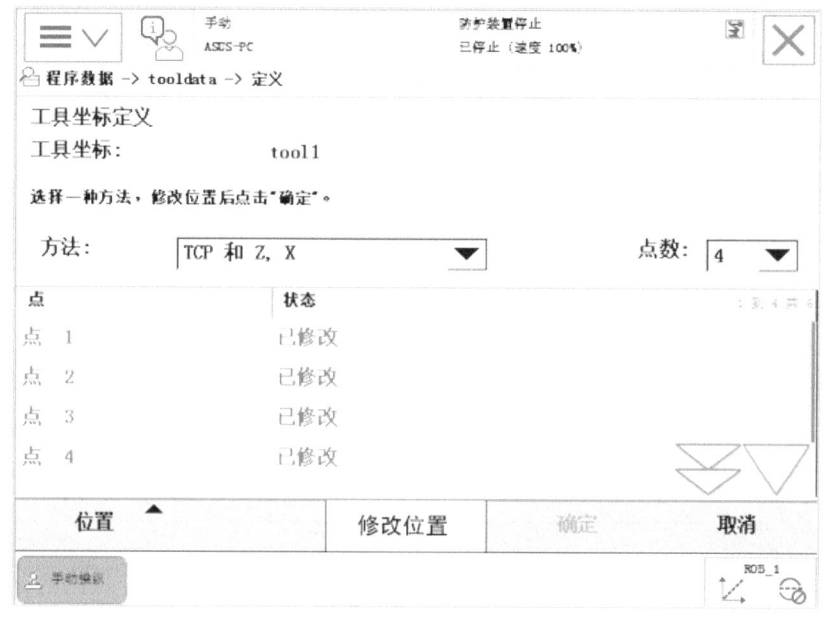

图 4-21　定义工具坐标各点位

⑨ 操控机器人使工具参考点以点 4 的姿态从固定点移动到工具 TCP 的 +X 方向。单击"修改位置"（见图 4-22）。

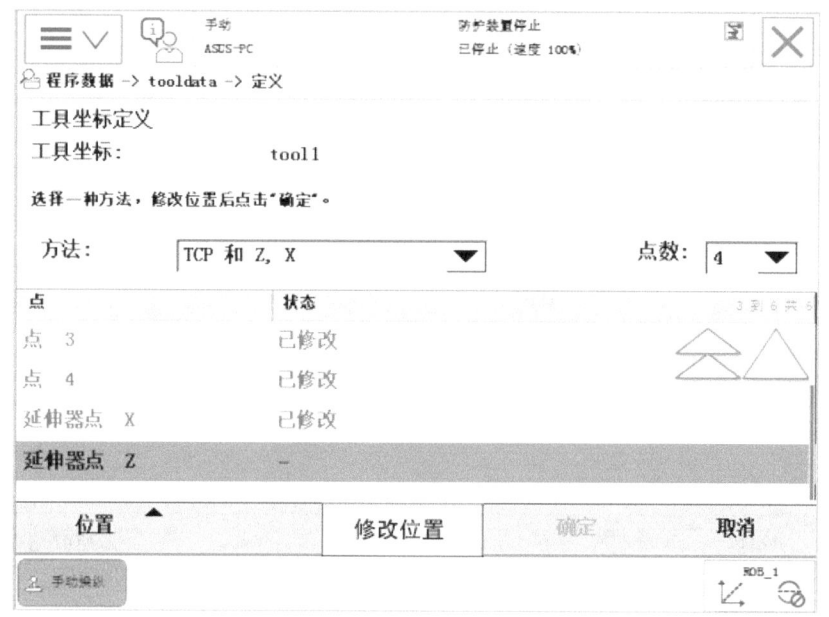

图 4-22　定义工具坐标点 X

⑩ 操控机器人使工具参考点以点 4 的姿态从固定点移动到工具 TCP 的 +Z 方向，单击"修改位置"（见图 4-23）。

图 4-23　定义工具坐标点 Z

⑪ 单击"确定"按钮，完成位置修改（见图 4-24）。

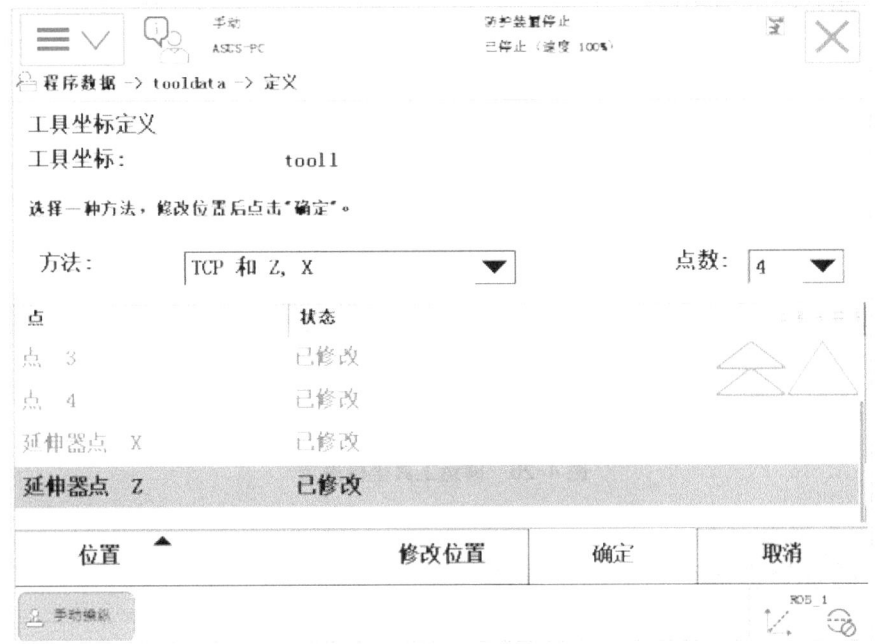

图 4-24　完成各点位的修改

⑫ 查看误差,越小越好,但也要以实际验证效果为准(见图4-25)。

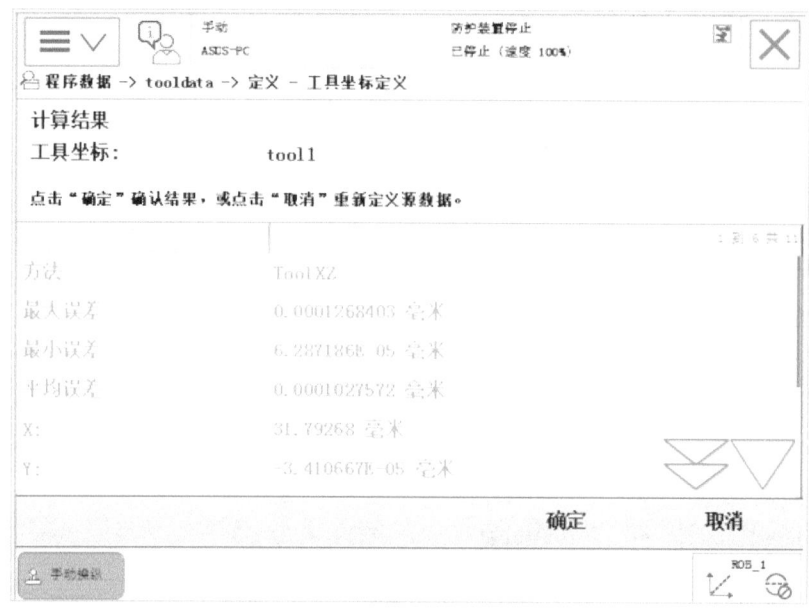

图4-25 工具坐标计算结果

- 搬运用的工具坐标设定。

以图中的搬运薄板的真空吸盘夹具为例,重量是25kg,重心在默认tool0的Z正方向偏移250mm,TCP点设定在吸盘的接触面上,从默认tool0上的Z正方向偏移了300mm(见图4-26)。

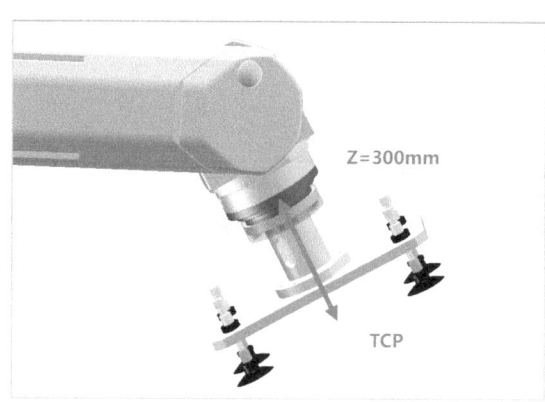

图4-26 搬运工具坐标设定

三、转速计数器更新的标定操作

机器人每一个关节轴都是一个机械原点位置(见图4-27)。

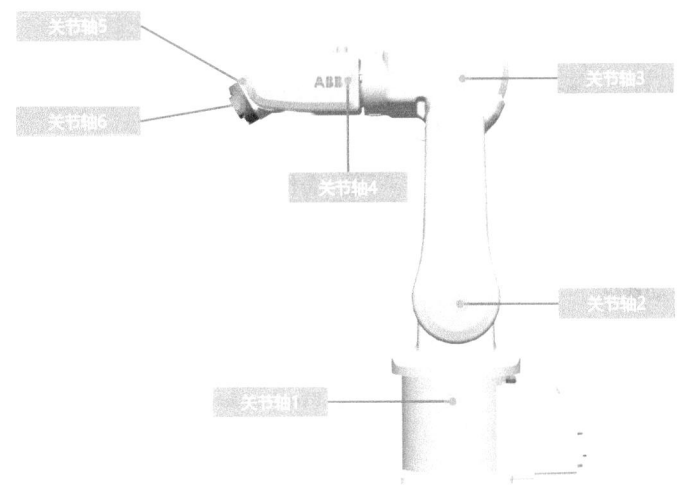

图 4-27 机器人各关节轴

1. 转数计数器需要更新操作的情况

转数计数器在发生以下情况后需要进行更新。

（1）更换伺服电机转数计数器电池后。

（2）当转数计数器发生故障，修复后。

（3）转数计数器与测量板之间断开过以后。

（4）断电后，机器人关节轴发生了移动。

（5）当系统报警提示"10036 转数计数器未更新"时。

2. 转速计数器更新的标定操作

（1）将机器人 6 个轴转到机械原点刻度，各关节轴运动的顺序为轴 4-5-6-3-2-1（见图 4-28）。

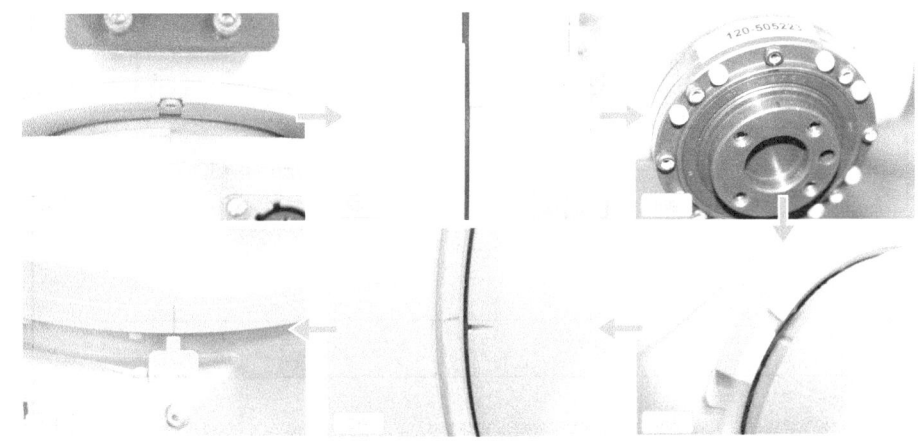

图 4-28 机器人各轴原点刻度

（2）在主菜单界面单击"校准"（见图4-29）。

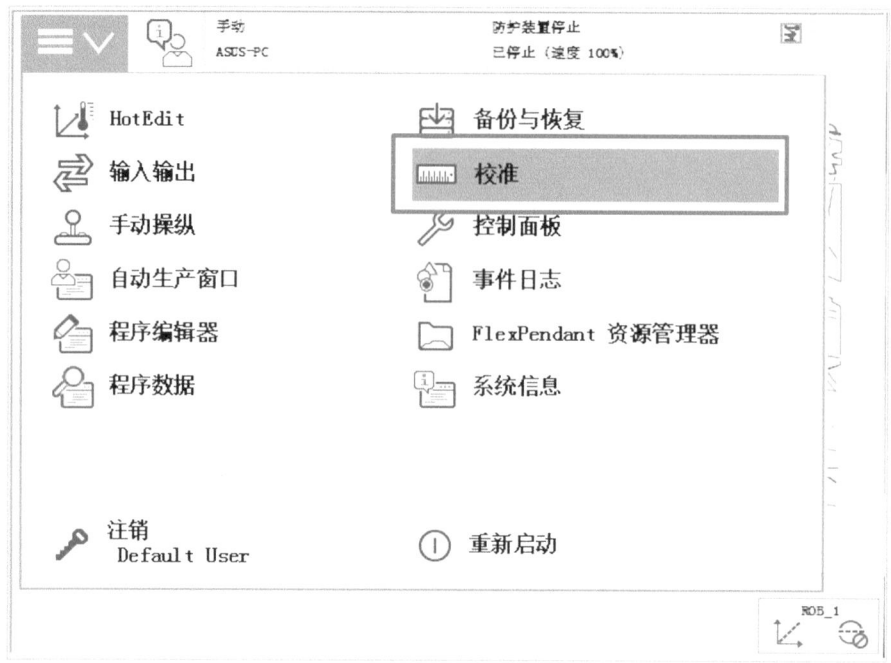

图4-29　选择校准

（3）单击"ROB_1"（见图4-30）。

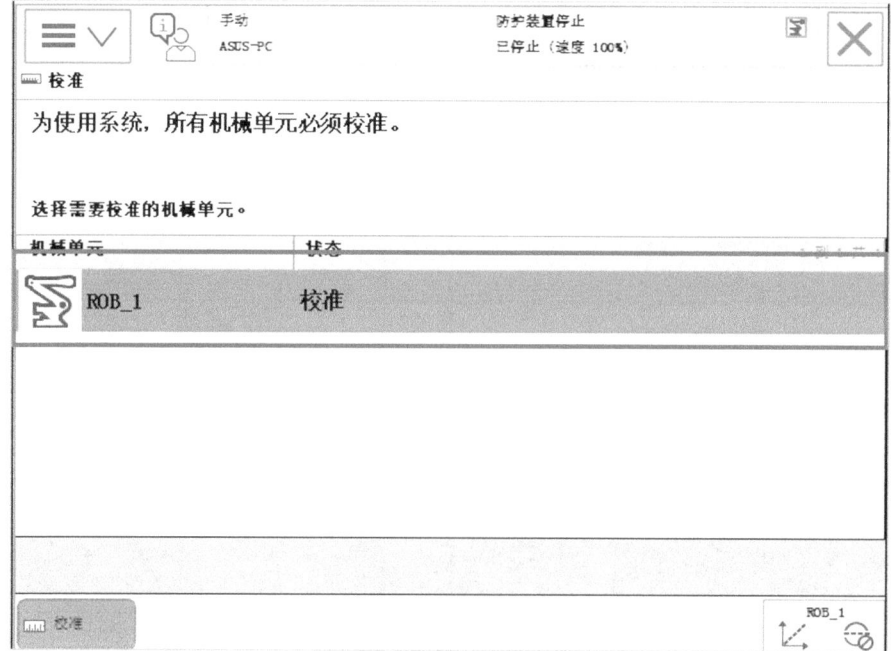

图4-30　校准菜单

（4）单击"手动方法（高级）"（见图4-31）。

图4-31 手动校准

（5）选择"转数计数器"，单击"更新转数计数器..."（见图4-32）。

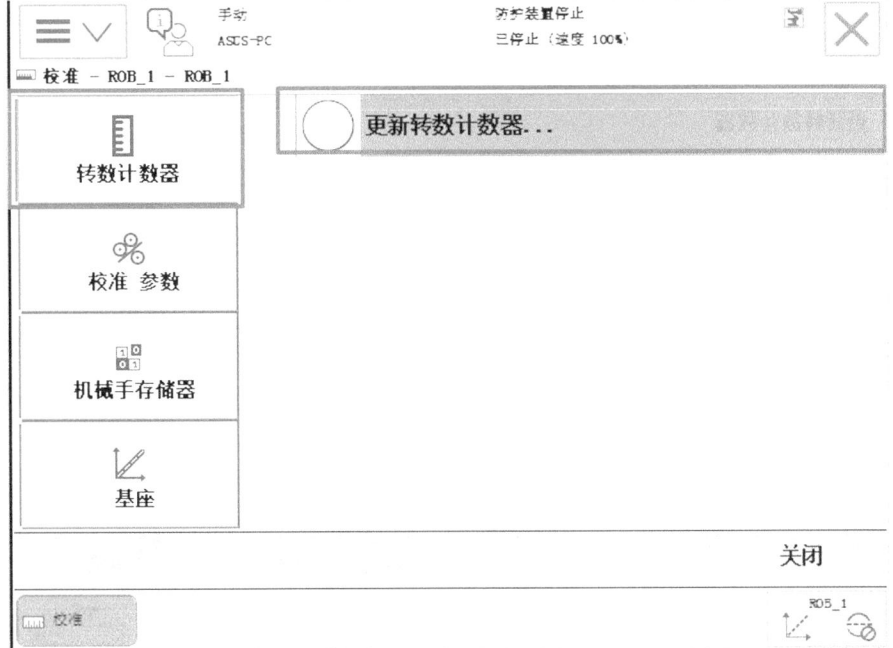

图4-32 更新转数计数器（1）

(6)在弹出的对话框中单击"是"按钮(见图4-33)。

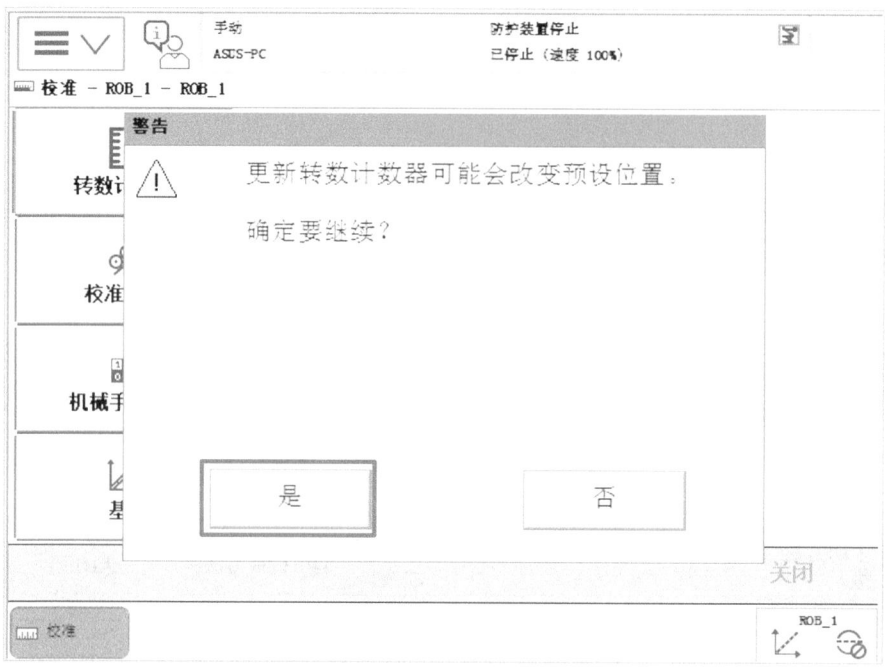

图4-33　更新转数计数器(2)

(7)选择"ROB_1",单击"确定"按钮(见图4-34)。

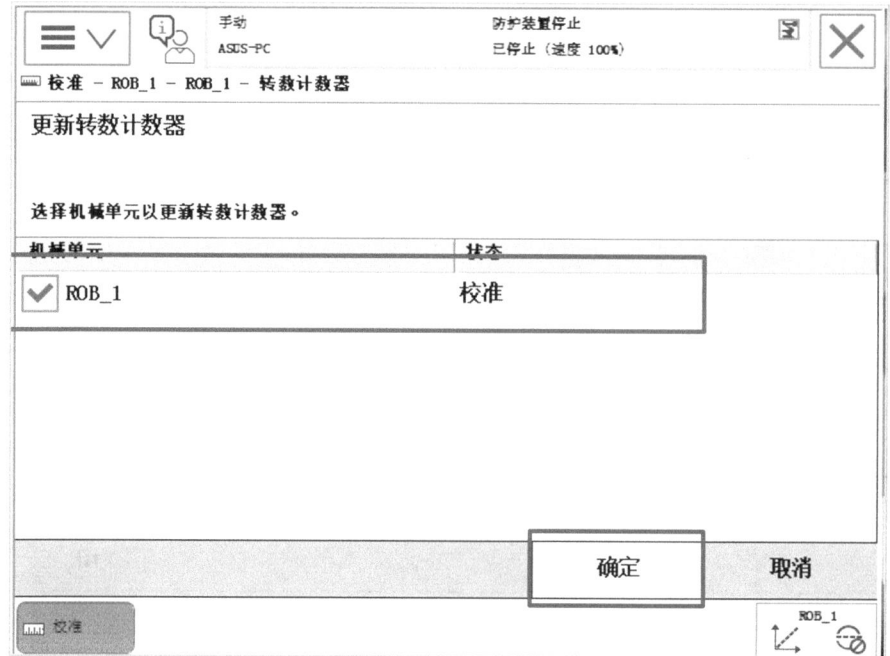

图4-34　更新转数计数器(3)

（8）选择需要更新转数计数器的转动轴，单击"更新"按钮（见图4-35）。

图4-35 选择更新的轴

（9）在弹出的对话框中，单击"更新"按钮（见图4-36）。

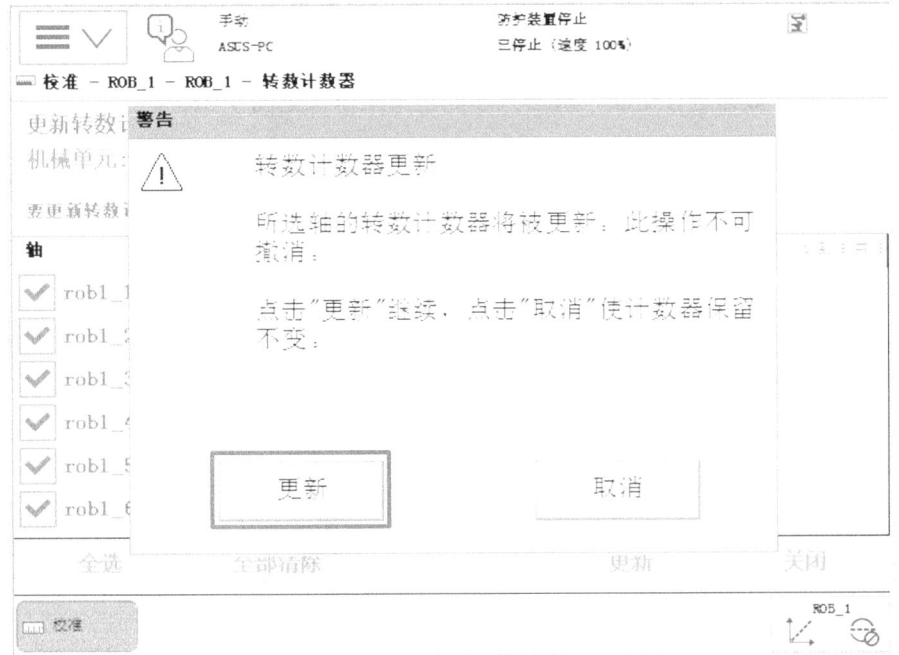

图4-36 更新转数计数器（4）

（10）在弹出的对话框中，单击"确定"按钮（见图4-37）。

图4-37　转数计数器更新

四、更换电池

ABB机器人在关掉控制柜主电源后，6个轴的位置数据是由电池提供电力进行保存的，所以在电池电量耗尽之前，需要对其进行更换。否则，每次电源断电后再次上电，需要对机器人转数计数器进行更新，机器人才能正常工作（见图4-38）。

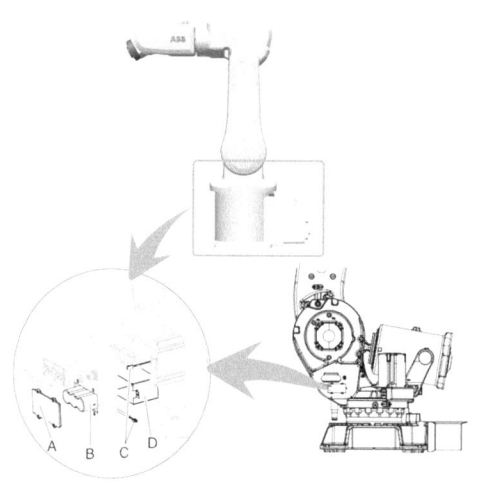

图4-38　更换电池

任务二 示教器的常用操作

一、示教器的使用

示教器是操作工业机器人重要的环节之一。它是进行机器人的手动操作、程序编写、参数配置以及监控的手持装置，也是与机器人打交道的控制装置。

1. 示教器的组成

示教器由急停开关、触摸屏、手动操作摇杆、USB 接口、使能器按钮、电缆连接口、触摸屏用笔、示教器复位按钮组成（见图 4-39）。

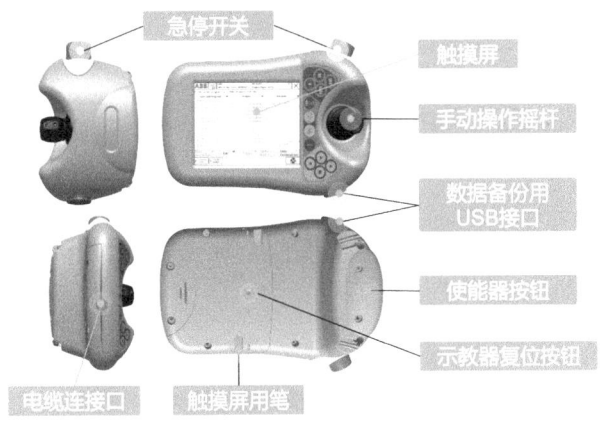

图 4-39　ABB 工业机器人示教器的组成

2. 示教器握持方法

对于习惯用右手的人来说，左手握示教器，四指按在使能器按钮上，右手进行示教器操作，示教器握持方法如图 4-40 所示。

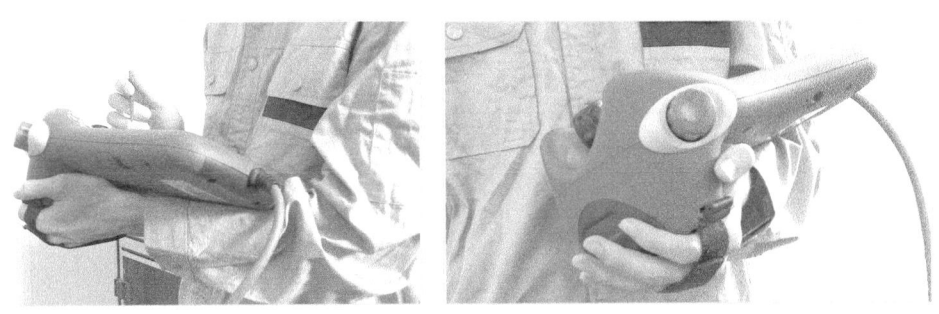

图 4-40　示教器握持方法

3.使能器按钮的使用

使能器按钮是工业机器人为保证操作人员人身安全而设置的。只有在按下使能器按钮，并保持在电机开启的状态下，才可对机器人进行手动的操作与程序的调试。当发生危险时，人会本能地将使能器按钮松开或按紧，这时机器人会马上停下来，保证操作人员的安全。

（1）使能器按钮分三挡，在手动状态下，按下使能按钮会接通第二挡，这时机器人将处于电机开启状态，如图4-41所示。

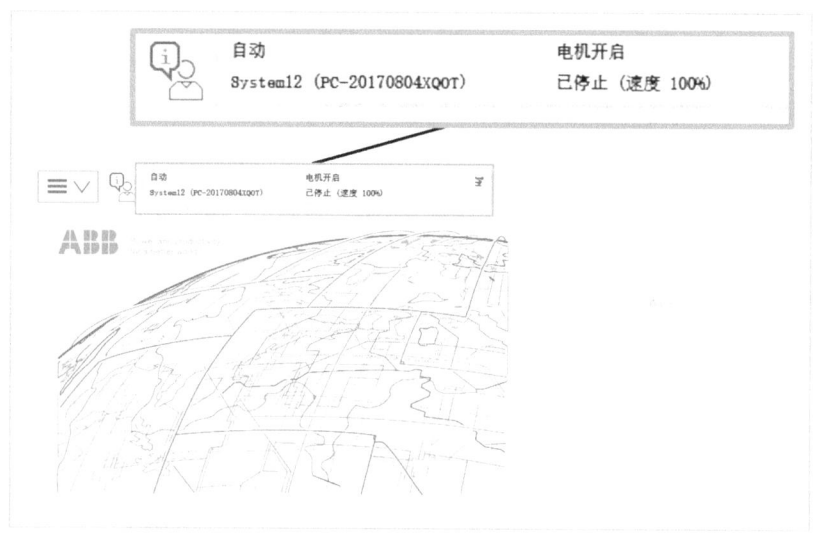

图4-41 使能器按钮的使用（1）

（2）在第一挡或按下使能器按钮接通第三挡时，机器人会处于防护装置停止状态，如图4-42所示。

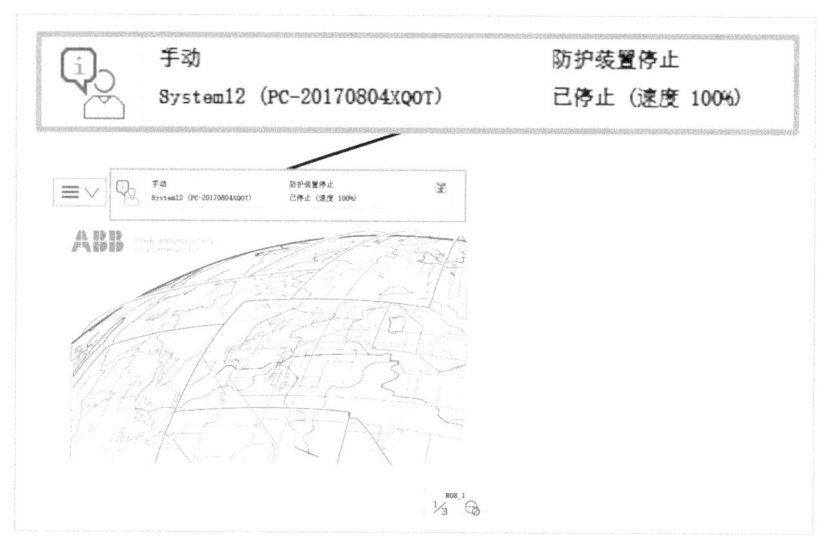

图4-42 使能器按钮的使用（2）

二、示教器的常用设置

1. 设置示教器中文菜单

示教器出厂时，默认的显示语言为英语，为了方便操作，下面讲述把显示语言设定为中文的操作步骤。

（1）单击示教器左上角的主菜单按钮，选择"Control Panel"（见图4-43）。

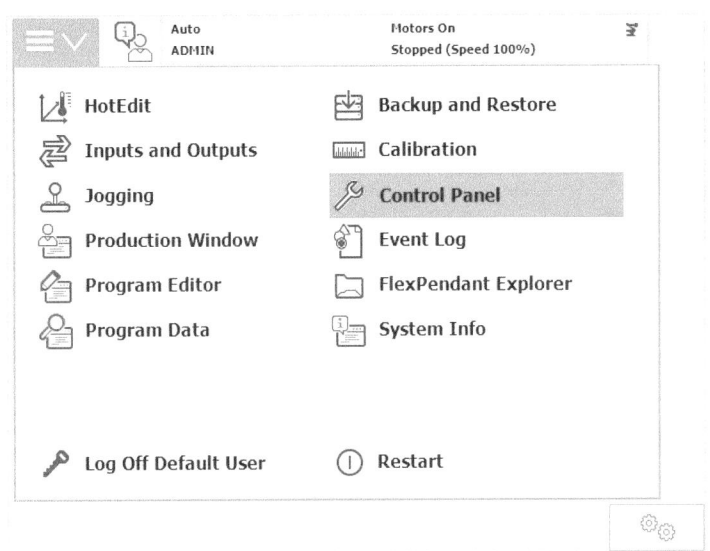

图4-43　设置语言（1）

（2）在"Control Panel"找到"Language"，单击选择"Language"（见图4-44）。

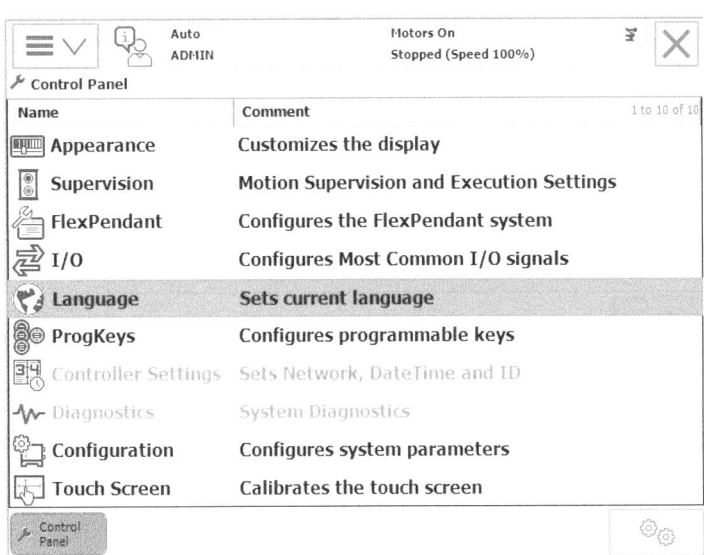

图4-44　设置语言（2）

（3）弹出各国家语言选项，选择"Chinese"，然后单击"OK"（见图4-45）。

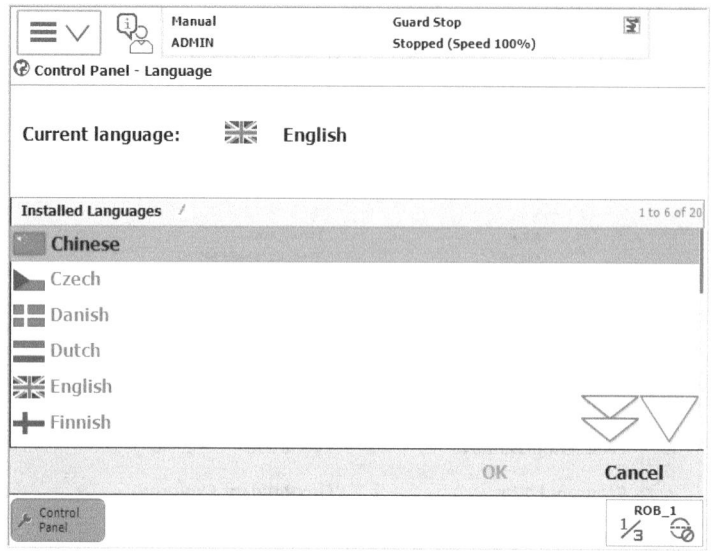

图4-45　设置语言（3）

（4）弹出系统重启提示，单击"Yes"按钮，系统重启（见图4-46）。

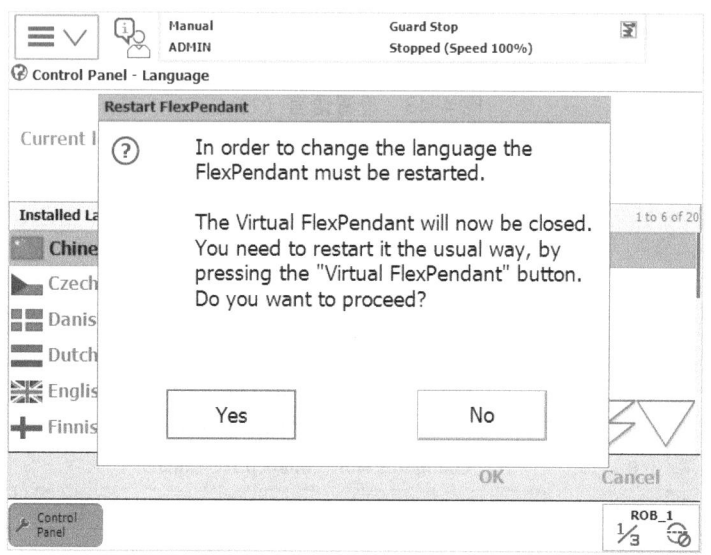

图4-46　设置语言（4）

（5）系统重启后，再单击示教器左上角主菜单，就能看到菜单已切换成中文界面（见图4-47）。

项目四
工业机器人的维护维修

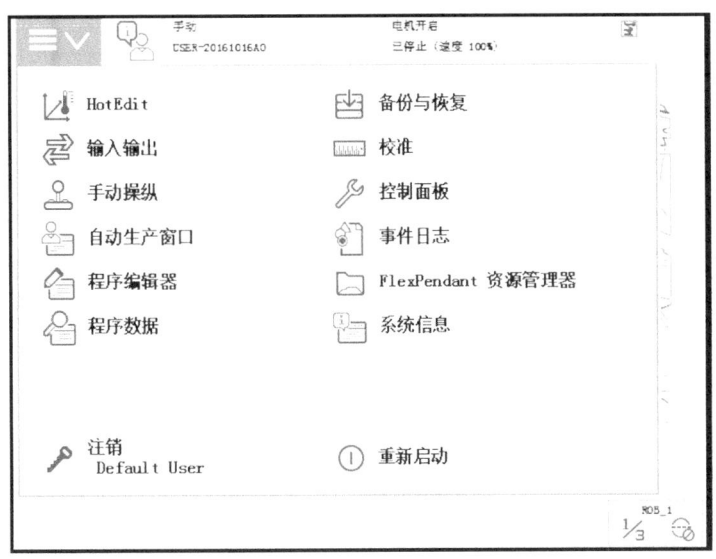

图 4-47 设置语言（5）

2. 设置日期和时间

为了方便进行文件的管理和故障的检测，在进行各种操作之前要将机器人系统的时间设定为本地时区的时间，步骤如下。

（1）单击示教器左上角的主菜单下拉按钮，选择"控制面板"（见图 4-48）。

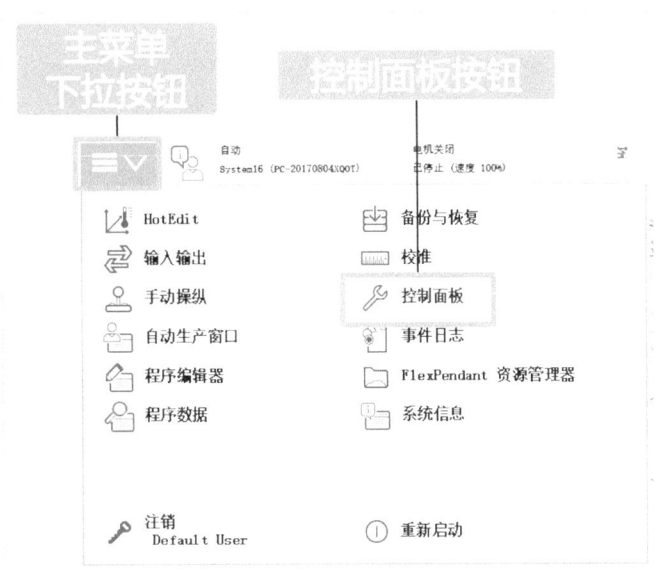

图 4-48 设置时间和日期（1）

（2）在控制面板的选项中选择"日期和时间"，进行时间和日期的修改（见图 4-49）。

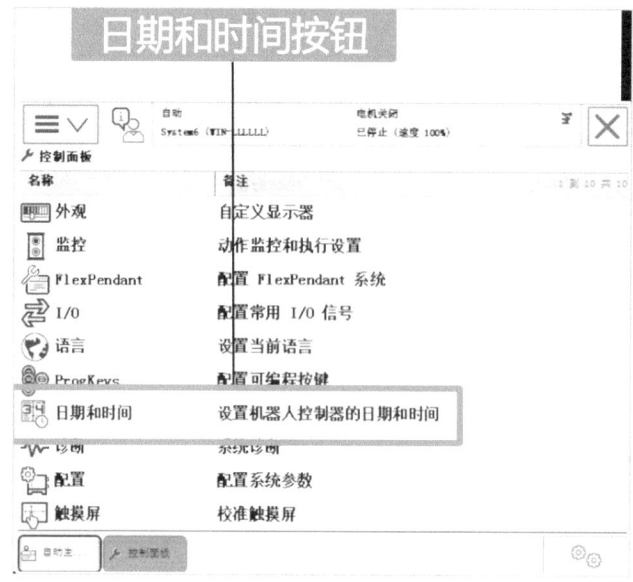

图 4-49　设置日期和时间（2）

三、示教器的界面使用

1. 示教器主界面

示教器的主界面分为主菜单下拉按钮、状态栏、操作视图和快捷菜单按钮（见图 4-50）。

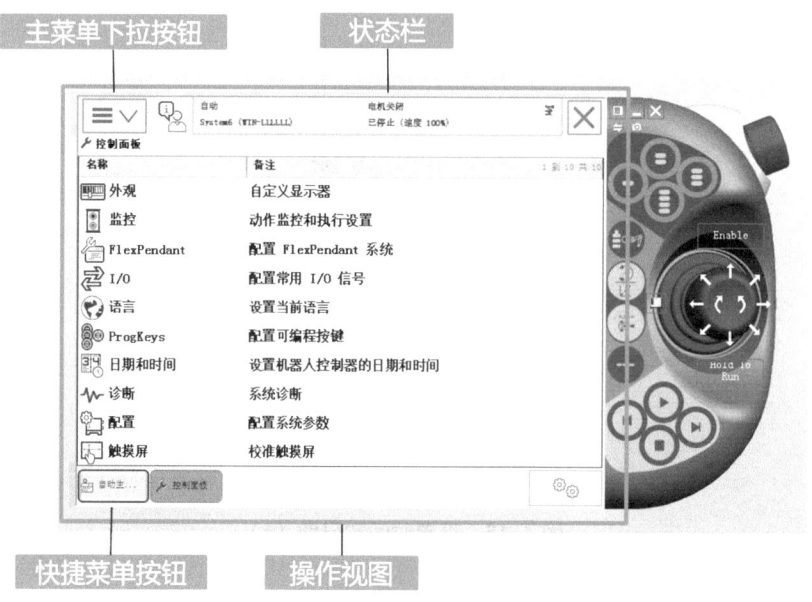

图 4-50　示教器控制面板菜单

项目四 工业机器人的维护维修

2. 示教器的主菜单

主菜单功能包括了机器人参数设置、机器人编程及相关系统设置等功能。比较常用的选项包括输入输出、手动操纵、程序编辑器、程序数据、校准和控制面板。各选项说明如图 4-51 所示。

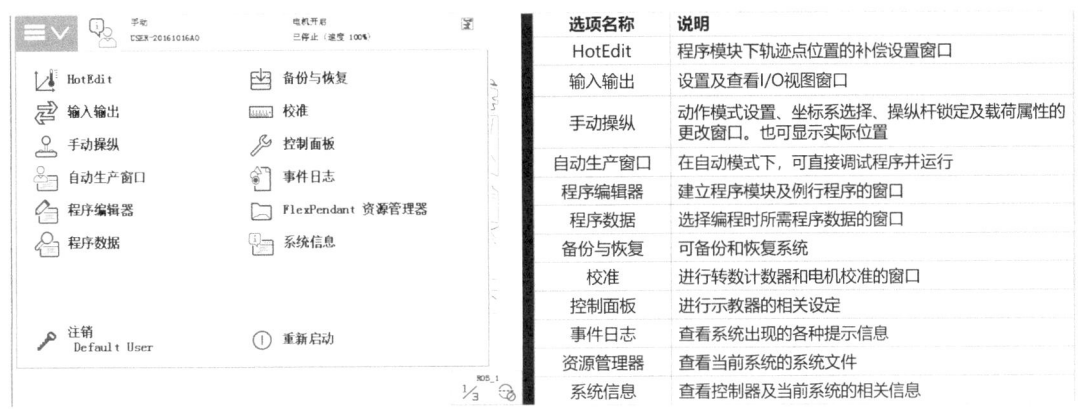

图 4-51 示教器主菜单界面

3. 示教器的控制面板菜单

示教器的常用设置主要在主菜单栏的控制面板选项中，控制面板中包括了监控、语言、日期和时间、配置系统参数等。控制面板的各选项说明如图 4-52 所示。

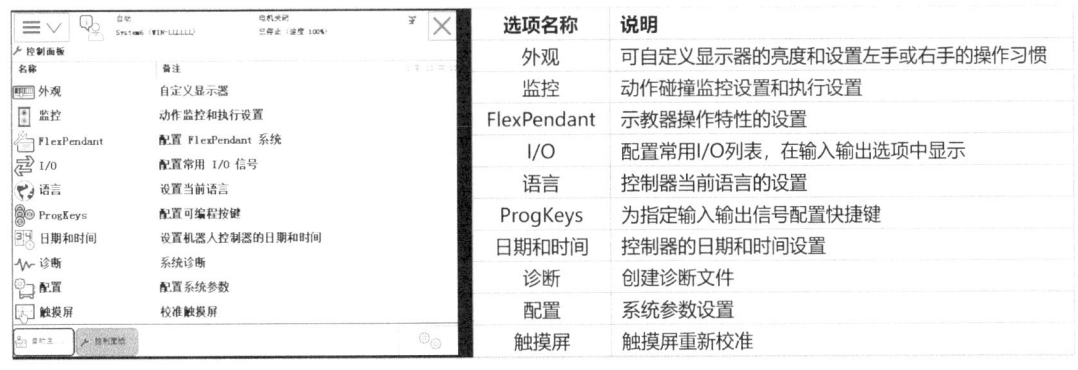

图 4-52 示教器控制面板菜单

4. 查看状态栏和事件日志

在操作机器人过程中，可以通过示教器画面上的状态栏对 ABB 机器人常用信息进行查看，通过这些信息就可以了解机器人当前所处的状态及存在的一些问题。画面中会显示以下内容（见图 4-53）。

（1）机器人状态，状态栏中会显示手动、全速手动和自动三种状态。

(2)机器人系统信息。

(3)机器人电动机状态,状态栏中使能键第二挡接通会显示电动机开启,松开使能键或第三挡接通会显示防护装置停止。

(4)机器人程序运行状态,显示程序的运行或停止。

(5)当前机器人或外轴的使用状态。

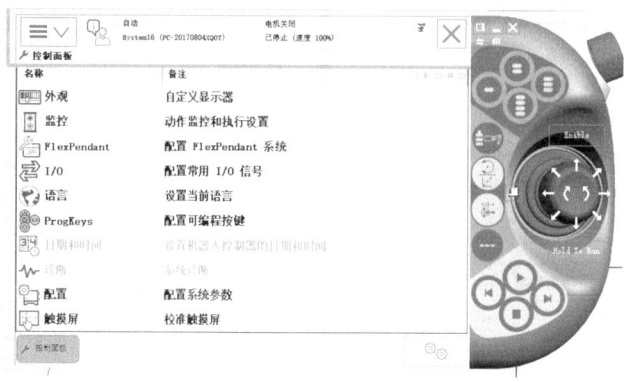

图 4-53　机器人状态显示

机器人常用信息和日志的查询有两种方式:一是单击主菜单的事件日志,查看机器人时间日志;第二种是直接单击窗口上面的状态栏就可以查看机器人的事件日志(见图4-54)。

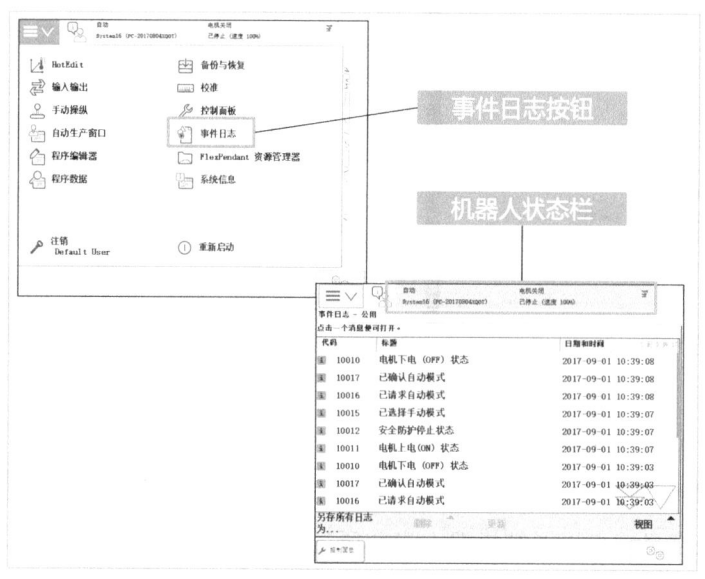

图 4-54　机器人常用信息和日志查询

四、机器人系统的重启与关机

1. 系统的重启

重启系统操作如图 4-55 所示。

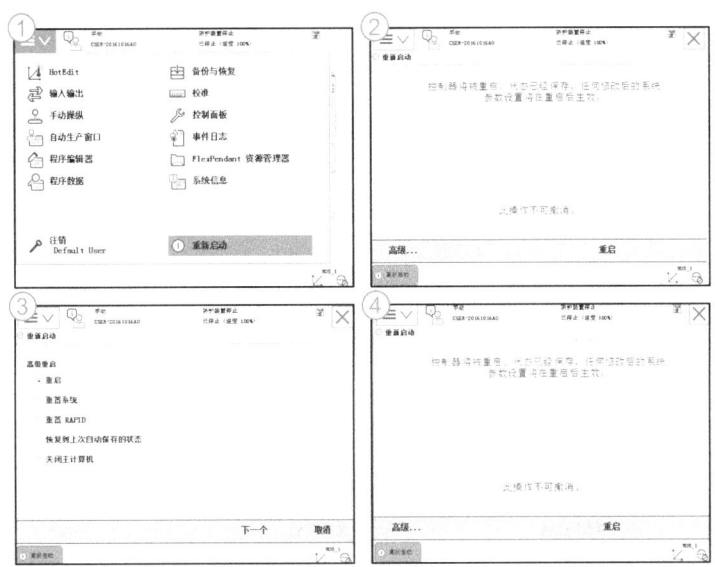

图 4-55 系统重启

2. 系统的关机

系统关机操作如图 4-56 所示。

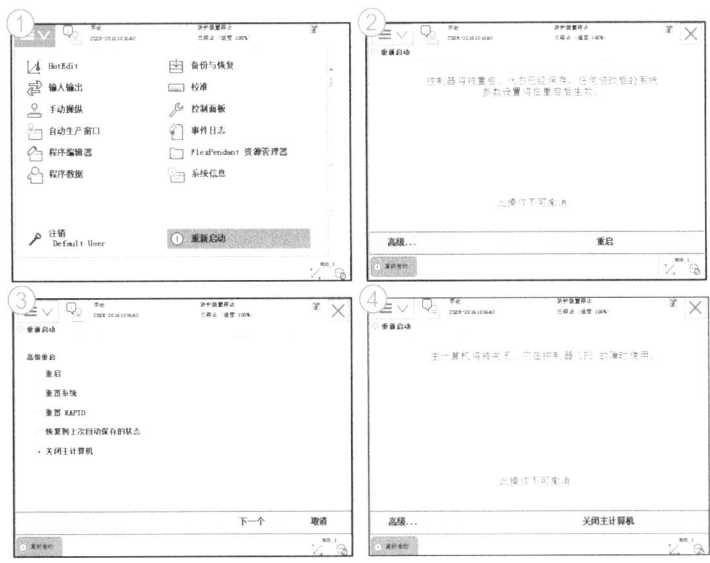

图 4-56 系统关机

五、机器人系统备份与恢复

定期对 ABB 工业机器人的数据进行备份,是保证 ABB 工业机器人正常操作的良好习惯。ABB 工业机器人数据备份的对象是所有正在系统内运行的 RAPID 程序和系统参数。当机器人系统出现错误或重新安装系统后,可以通过备份快速地把机器人恢复到备份时的状态。

1. 备份系统数据

备份系统数据操作方法如下。

(1) 在主菜单页面下,单击"备份与恢复"(见图 4-57)。

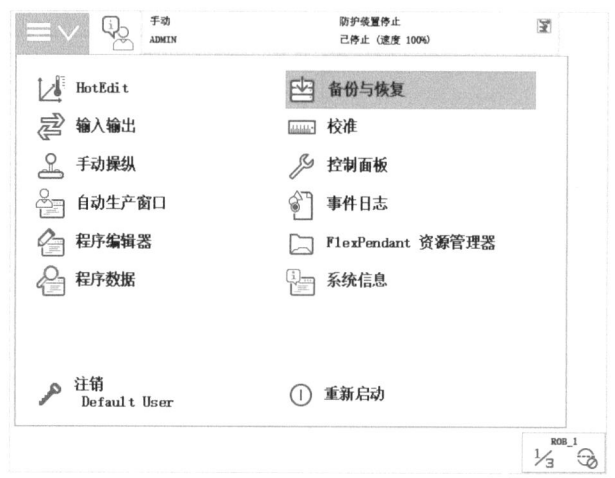

图 4-57 备份系统数据(1)

(2) 单击"备份当前系统...."(见图 4-58)。

图 4-58 备份系统数据(2)

(3)单击"ABC...",进行存放备份数据目录的设定(见图4-59)。

图 4-59　备份系统数据(3)

(4)单击"…"选择备份存放的位置(机器人硬盘或USB存储设备),单击备份,进行备份操作,等待备份完成(见图4-60)。

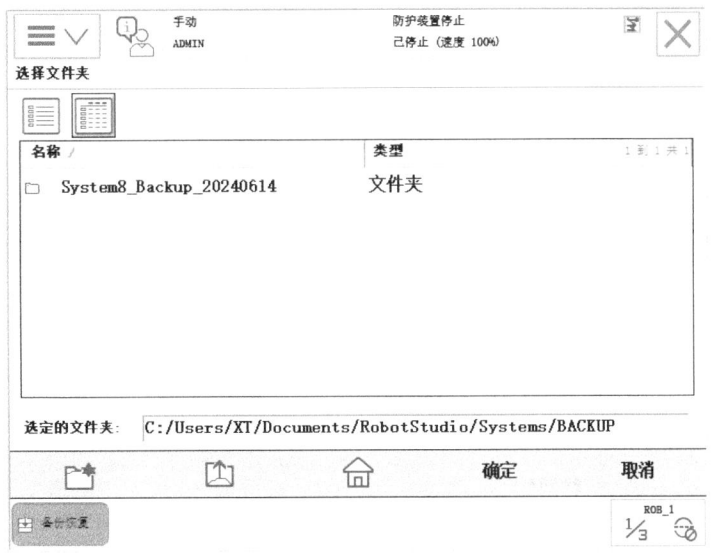

图 4-60　备份系统数据(4)

2.恢复系统

使用备份进行系统恢复的操作如下。

(1)在主菜单页面下,单击"备份与恢复"(见图4-61)。

图 4-61 恢复系统数据（1）

（2）单击"恢复系统..."，进行恢复备份操作（见图 4-62）。

图 4-62 恢复系统数据（2）

（3）单击"..."，选择备份存放的目录（见图 4-63）。

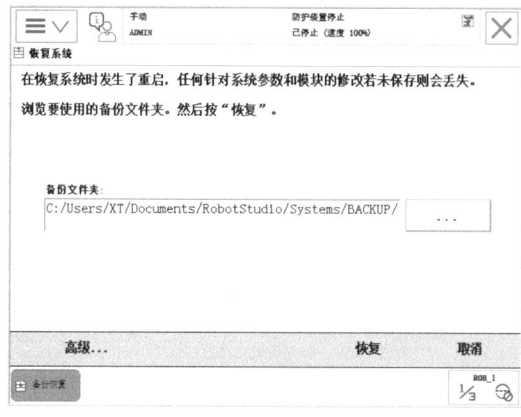

图 4-63 恢复系统数据（3）

(4)单击"恢复",选择恢复的数据或程序名(见图4-64)。

图 4-64　恢复系统数据(4)

(5)单击"是"按钮,进行数据恢复(见图4-65)。

图 4-65　恢复系统数据(5)

在进行数据恢复时,要注意备份数据是具有唯一性的,不能将一台机器人的备份恢复到另一台机器人中去,这样的话,会造成系统故障。但是,厂家常会将程序和 EIO 的定义做出通用的,方便在使用时,可以单独导入程序和 EIO 文件来解决实际需要。

程序导入方法如图 4-66 所示。

① 单击示教器左上角按钮,在主菜单中选择"程序编辑器"。

② 打开程序编辑器后,若示教器中没有程序,会弹出提示界面。

③ 单击"取消"按钮,界面会显示出系统模块。

④ 插入U盘,然后单击下方的"文件",选择"加载模块..."。

⑤ 弹出提示对话框,单击"是"按钮,继续操作。

⑥ 界面出现所在系统所有的硬盘驱动器,选择U盘单击进入。

⑦ 在U盘中找到需要导入的程序文件,然后选中,单击"确定"。

⑧ 导入成功,程序模块被导入机器中。

⑨ 单击"显示模块",可以查看导入的程序文件。

图4-66 程序导入

任务三　机器人的基本操作

一、工业机器人的手动操作

机器人手动操作主要是使用示教器的操纵杆。我们可以将机器人的操纵杆比作汽车的油门，操纵杆的操纵幅度会直接影响机器人的运动速度。操纵幅度小则机器人运动速度慢。操纵幅度大则机器人运动速度快。所以大家在操作的时候，尽量小幅度操纵操纵杆使机器人慢慢运动，避免机器人运动速度过快发生危险。

手动操纵一共有三种动作模式，分别为单轴运动、线性运动、重定位运动（见图4-67）。

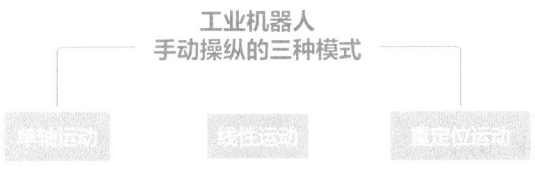

图 4-67　工业机器人手动操纵的三种模式

1. 单轴运动

ABB 机器人是 6 个伺服电动机分别驱动机器人的 6 个关节轴，手动操纵一个关节轴的运动，就称为单轴运动。单轴运动在进行粗略的定位和大幅度的移动时，相比其他的手动操纵模式会更加方便快捷（见图 4-68）。

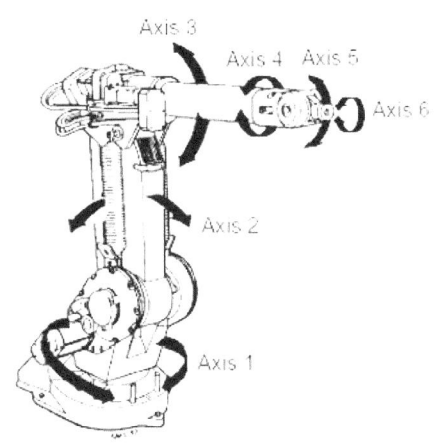

图 4-68　六轴机器人 1～6 轴对应的关节示意

工业机器人单轴运动的操作步骤如下。

(1) 接通电源，把机器人状态钥匙切换到手动限速状态（见图 4-69）。

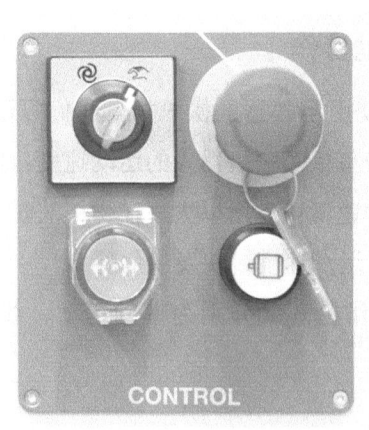

图 4-69　单轴运动操作步骤（1）

(2) 在状态栏中，确认机器人的状态已经切换为"手动"，单击主菜单下拉菜单，选择"手动操纵"（见图 4-70）。

图 4-70　单轴运动操作步骤（2）

(3) 单击"动作模式"（见图 4-71）。

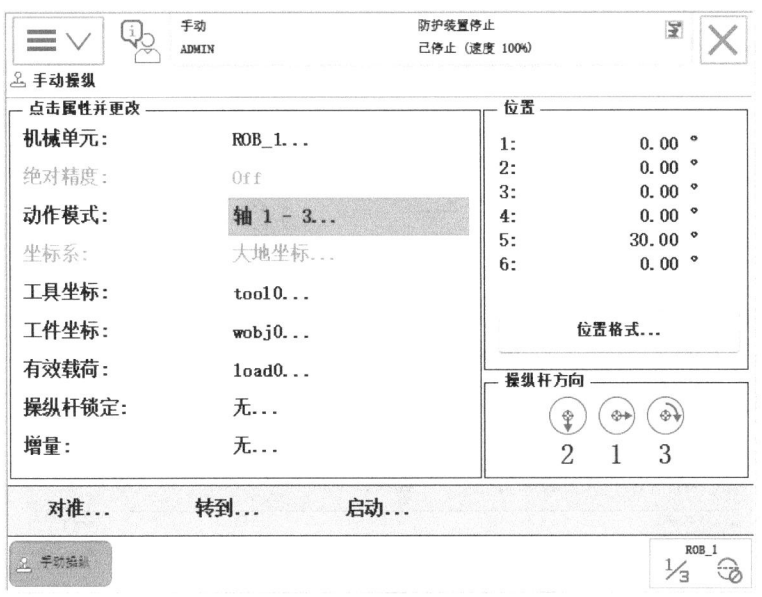

图 4-71 单轴运动操作步骤（3）

（4）选中轴 1-3，然后单击"确定"（见图 4-72）。

图 4-72 单轴运动操作步骤（4）

（5）用左手按下使能器按钮，进入"电机开启"状态，如右下角的操纵杆方向所示，操作摇杆机器人的轴 1、轴 2、轴 3 就会动作，摇杆的操作幅度越大，机器人的动作速度越快。其中操纵杆方向栏的箭头和数字代表各个轴运动时的正方向（见图 4-73）。

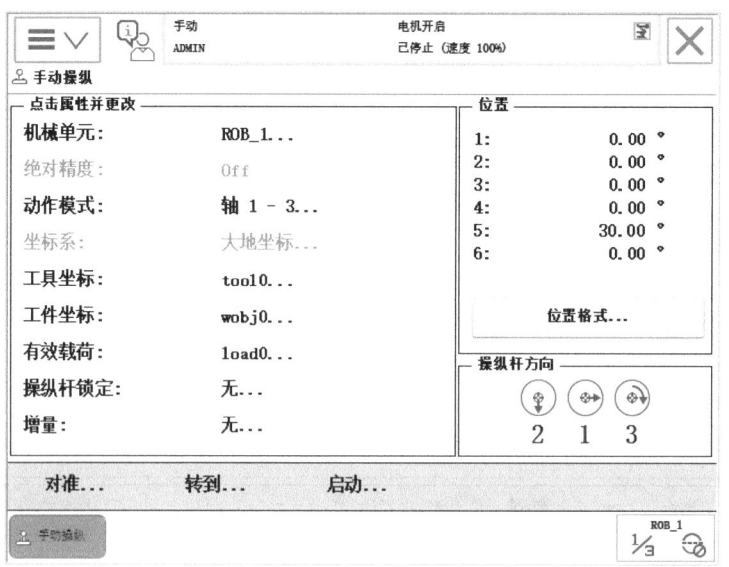

图4-73 单轴运动操作步骤（5）

（6）同样的方法，选择"轴4-6"操作摇杆机器人的轴4、轴5、轴6就会动作。其中操纵杆方向栏的箭头和数字代表各个轴运动时的正方向（见图4-74）。

图4-74 单轴运动操作步骤（6）

2. 线性运动

机器人的线性运动是指安装在机器人轴6法兰盘上的工具在空间中作线性运动。线性运动移动的幅度较小，适合较为精确的定位和移动使用线性运动的操作步骤如图4-75、图4-76所示。

项目四
工业机器人的维护维修

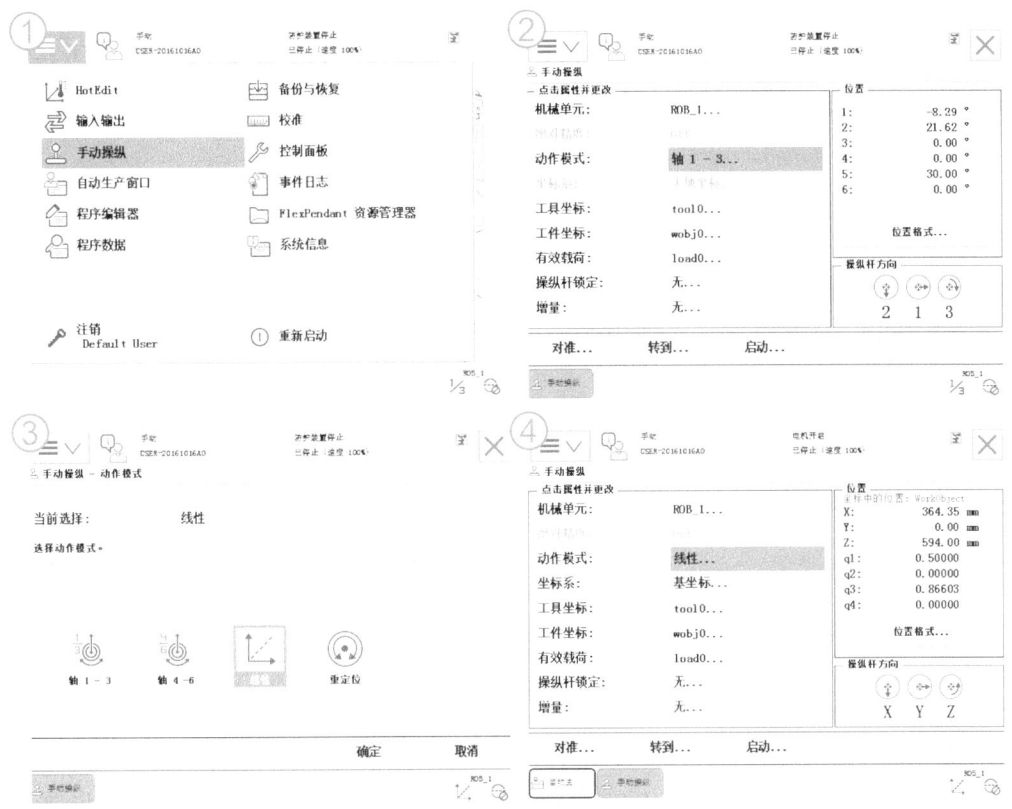

图 4-75 线性运动（1）

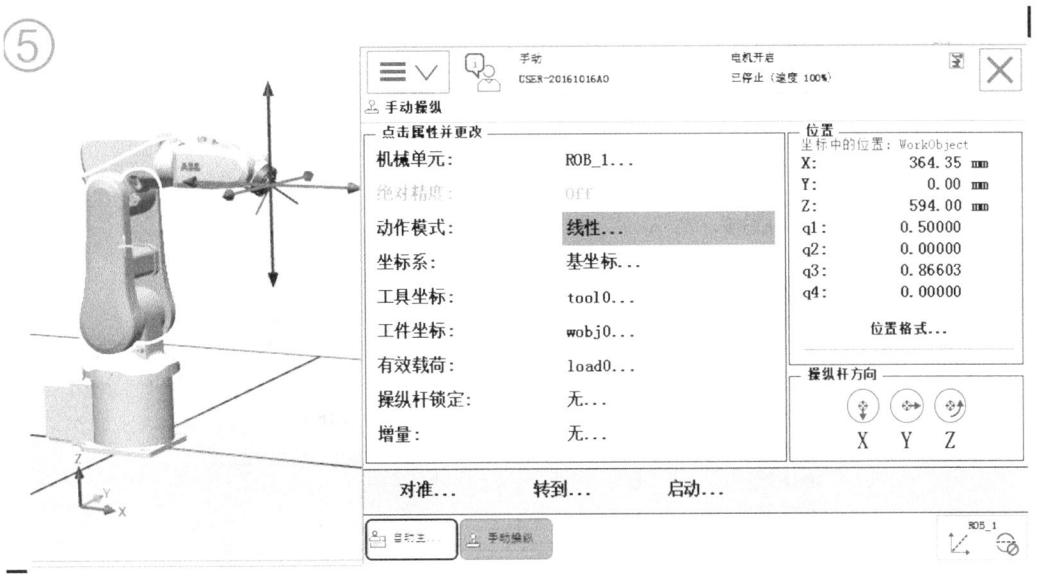

图 4-76 线性运动（2）

3. 重新定位运动

机器人的重新定位运动是指机器人轴 6 法兰盘上的工具 TCP 点在空间中绕着工具坐标系旋转的运动，也可理解为机器人绕着工具 TCP 点做姿态调整的运动（见图 4-77）。

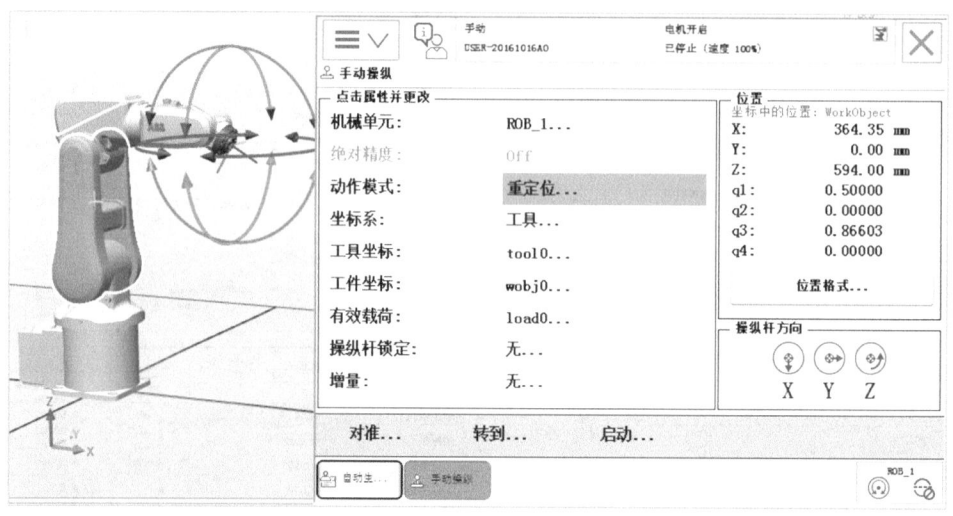

图 4-77 重新定位运动

4. 增量模式

如果使用操纵杆来控制机器人运动不熟练的话，可以使用增量模式来控制机器人运动。在增量模式下，操纵杆每位移一次，机器人就移动一步。如果操纵杆持续一秒或数秒钟，机器人就会持续移动（速率为每秒 10 步）。

增量模式操作步骤如下。

（1）在 ABB 主菜单下，单击手动操纵，选择"增量"（见图 4-78）。

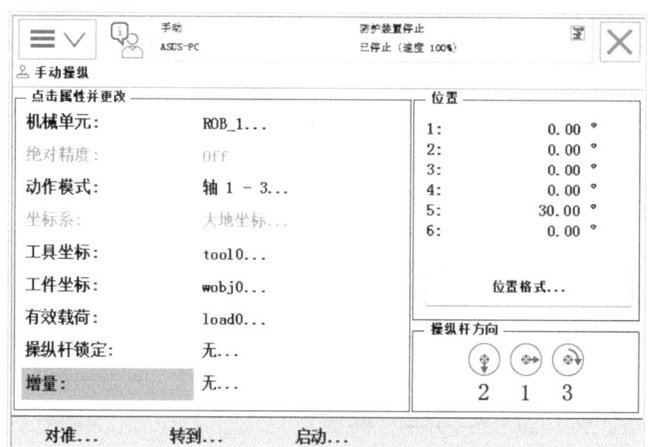

图 4-78 增量模式操作（1）

（2）其中增量对应位移和角度的大小，根据需要选择增量模式的移动距离，然后确定（见图4-79、图4-80）。

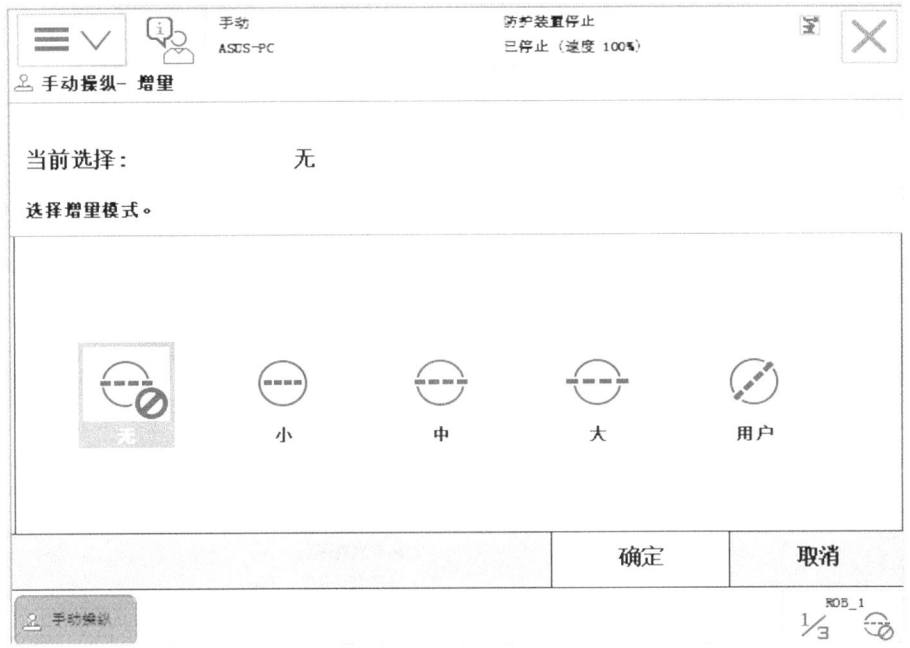

图4-79 增量模式操作（2）

增量	移动距离/mm	角度/（°）
小	0.05	0.005
中	1	0.02
大	5	0.2
用户	自定义	自定义

图4-80 增量模式介绍

二、手动快捷菜单和按钮的使用

手动快捷按钮可实现机器人和外轴的切换；线性运动和重新定位运动的切换；关节运动轴1～3和轴4～6的切换及增量运动开关的功能，在机器人操作和编程过程中频繁使用，手动快捷按钮如图4-81所示。

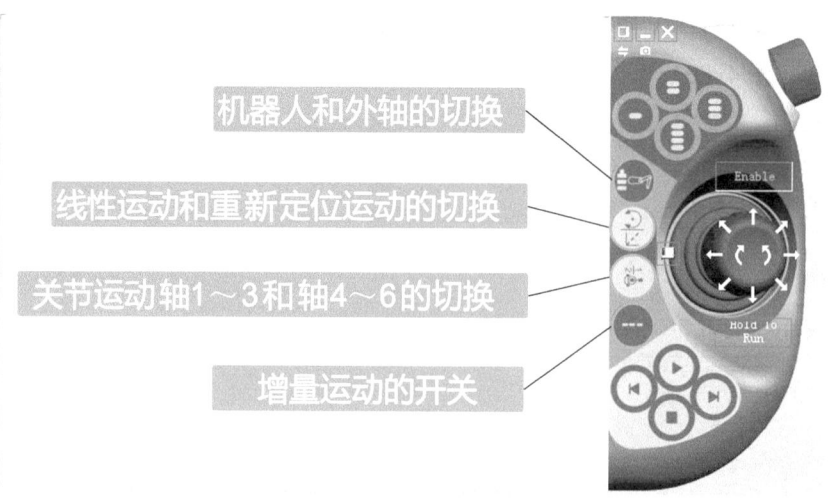

图4-81 快捷按钮

（1）单击示教器首页右下角的快捷菜单按钮（见图4-82）。

图4-82 快捷按钮（1）

（2）单击机器人图标（见图4-83）。

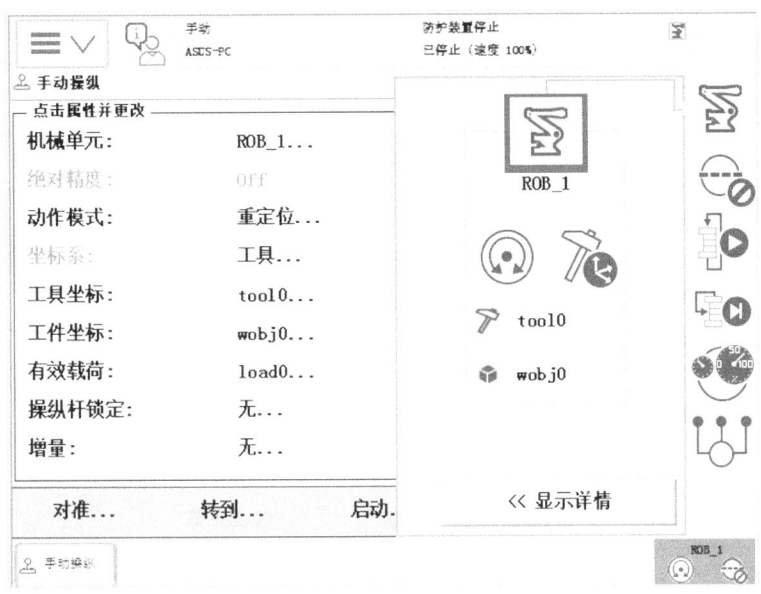

图4-83　快捷按钮（2）

（3）单击显示详情，可选择当前使用的工具数据、工件坐标系、操纵杆倍率、增量开/关、碰撞监控开/关、坐标系选择及动作模式选择（见图4-84）。

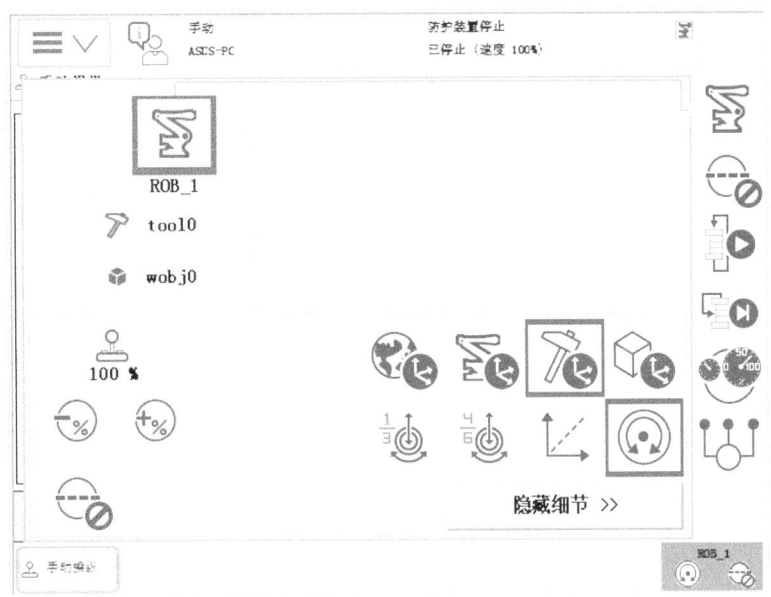

图4-84　快捷按钮（3）

（4）单击"增量"开关，选择需要的增量（见图4-85）。

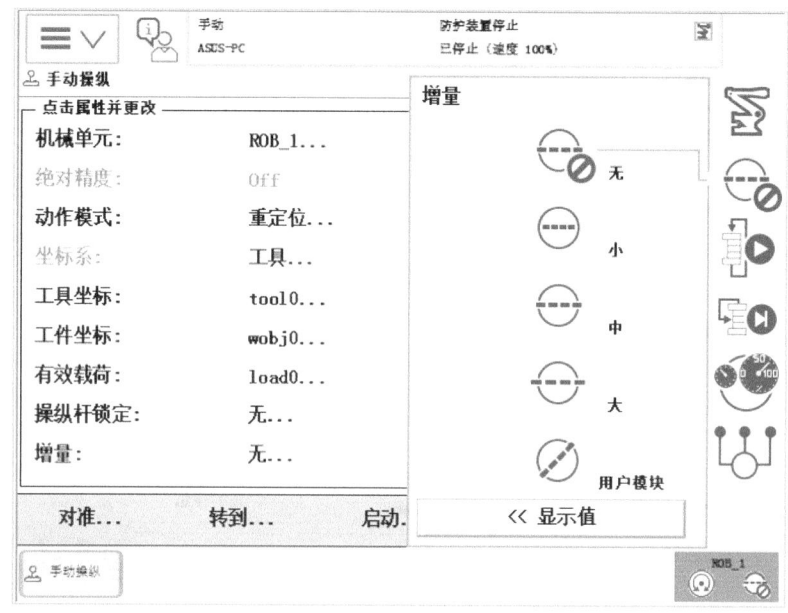

图4-85　快捷按钮（4）

（5）选择用户模块，然后单击显示值，就可以进行增量值的定义了（见图4-86）。

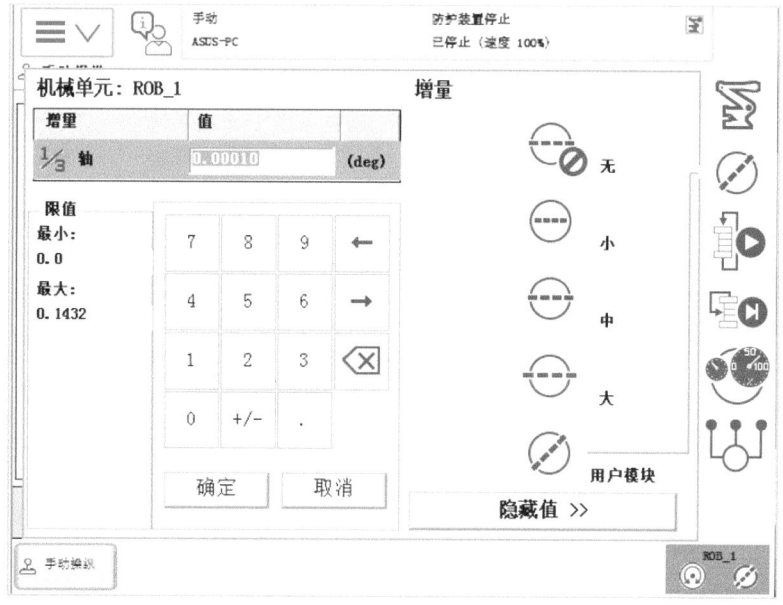

图4-86　快捷按钮（5）

快捷菜单的具体操作步骤如下。

（1）单击屏幕右下角的快捷菜单按钮（见图4-87）。

图4-87　快捷菜单具体操作步骤（1）

（2）左键单击"手动操作"按钮弹出选项（见图4-88）。

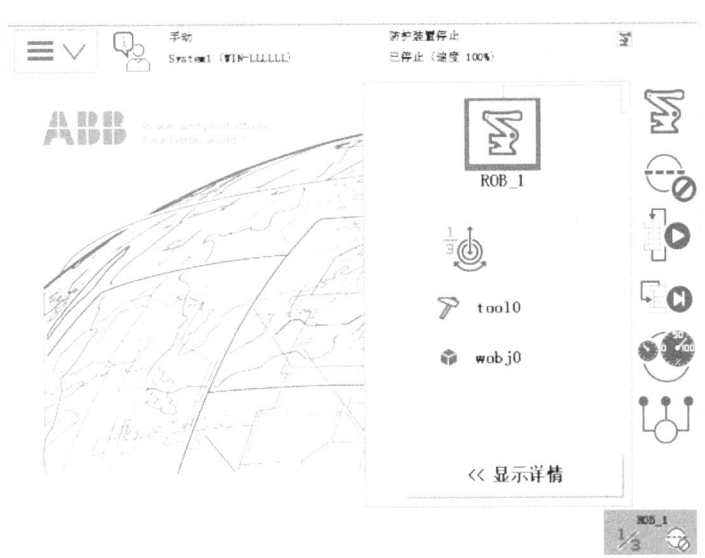

图4-88　快捷菜单具体操作步骤（2）

（3）单击"显示详情"展开菜单，可以对当前的"工具数据""工件坐标""操纵杆速度""增量开/关""碰撞监控开/关""坐标系选择""动作模式选择"进行设置（见图4-89）。

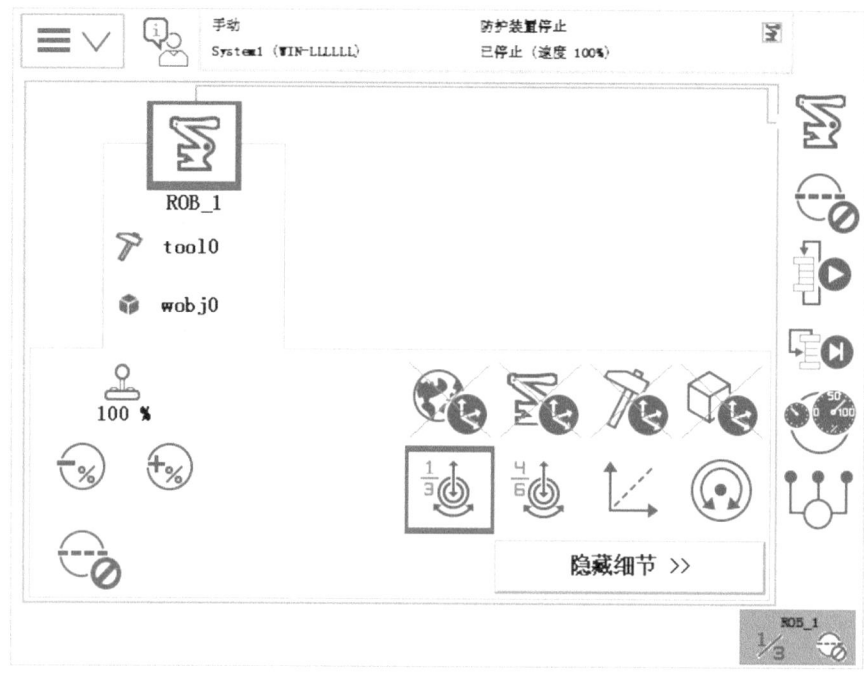

图 4-89　快捷菜单具体操作步骤（3）

（4）单击"增量模式"按钮，选择需要的增量。如果是自定义增量值，可以选择"用户模式"，然后单击"显示值"，就可以进行增量值的自定义了（见图 4-90）。

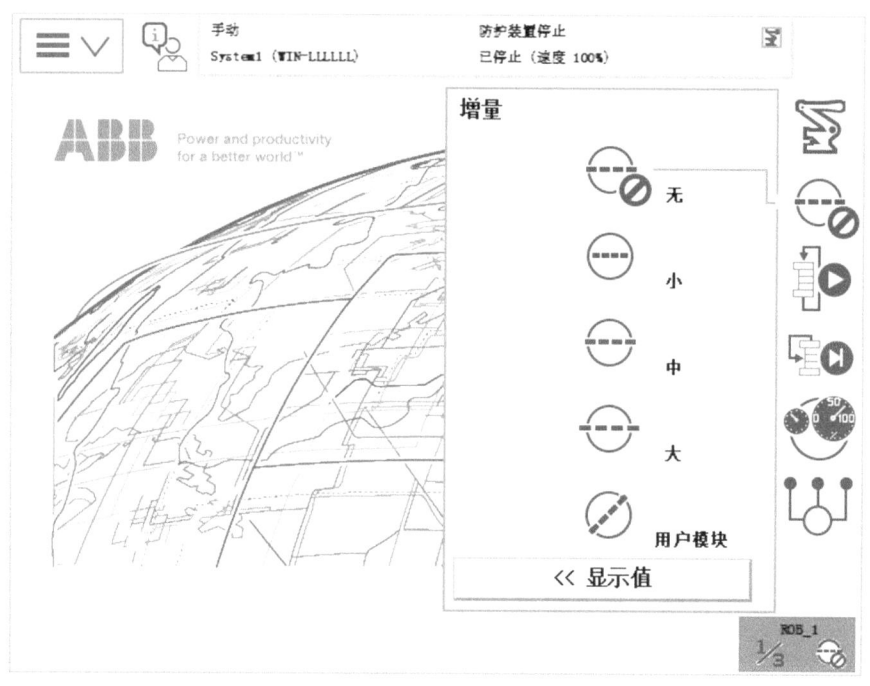

图 4-90　快捷菜单具体操作步骤（4）

任务四　机器人的坐标系

一、机器人坐标系的介绍

工业机器人坐标系分为基坐标系、大地坐标系、工件坐标系、用户坐标系和工具坐标系（见图4-91）。

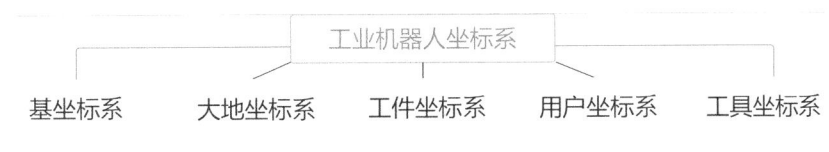

图4-91　工业机器人坐标系

1. 基坐标系

基坐标系位于机器人基座中，它是最便于机器人从一个位置移动到另一个位置的坐标系。

在正常配置的机器人系统中，人们站在机器人的前方并在基坐标系中进行微动控制（见图4-92）。

（1）将控制杆拉向自己一方时，机器人将沿X轴移动。

（2）向两侧移动控制杆时，机器人将沿Y轴移动。

（3）扭动控制杆，机器人将沿Z轴移动。

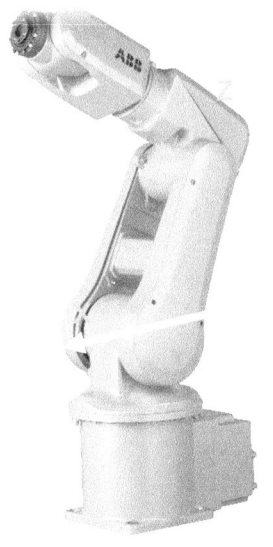

图4-92　基坐标系

2. 大地坐标系

在工作单元或工作站中的固定位置有其相应的零点。这有助于控制若干个机器人或由外轴移动的机器人。

在默认情况下,一台机器人工作单元的大地坐标系与基坐标系是一致的(见图4-93)。

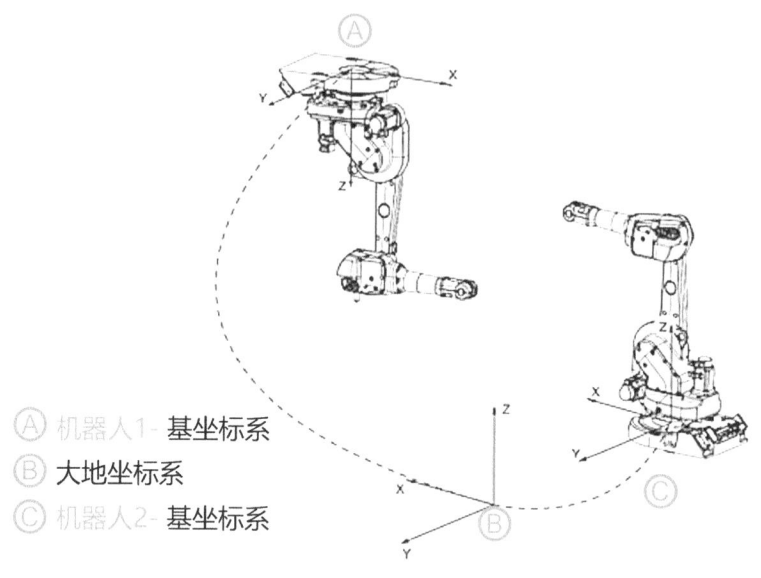

Ⓐ 机器人1-基坐标系
Ⓑ 大地坐标系
Ⓒ 机器人2-基坐标系

图4-93 大地坐标系

3. 工具坐标系

定义机器人到达预设目标时所使用工具的位置。

工具坐标系将工具中心点设为零位,并设定工具的位置和方向。工具坐标简称为TCP(Tool Center Point)(见图4-94)。

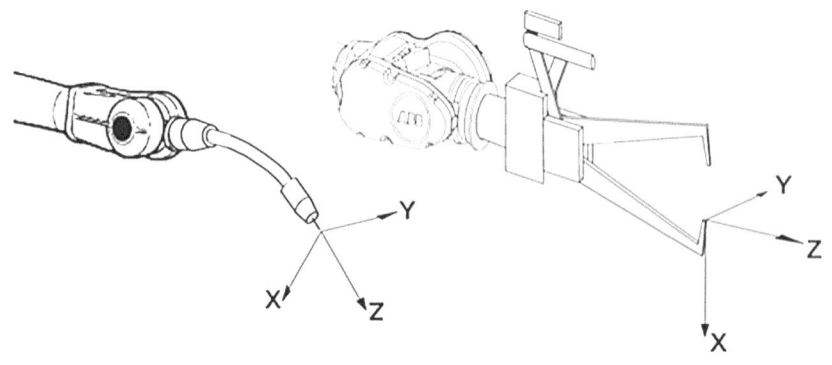

图4-94 工具坐标系

所有机器人在手腕处都有一个预定义工具坐标系,该坐标系被称为tool0。那么用户自行设定的新工具坐标可以理解为tool0的偏移值。

4. 工件坐标系

工件坐标系通常是最适合机器人进行编程的坐标系。工件坐标系定义工件相对于大地坐标系(或其他坐标系)的位置如图4-95所示。

机器人进行编程时就是在工件坐标系中创建目标和路径,这带来很多优点。

(1)重新定位工作站中的工件时,只需更改工件坐标系的位置,所有路径即随之更新。

(2)允许操作以外轴或传送导轨移动的工件,因为整个工件可连同其路径一起移动。

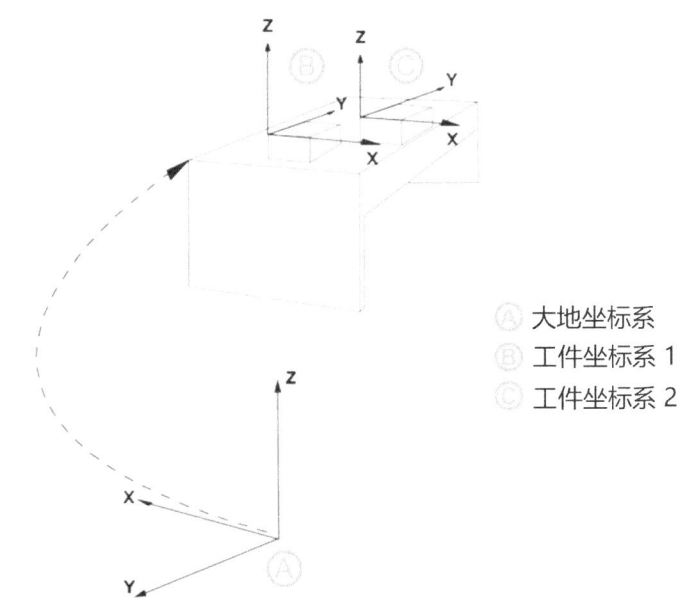

Ⓐ 大地坐标系
Ⓑ 工件坐标系1
Ⓒ 工件坐标系2

图4-95 工件坐标系

5. 用户坐标系

用户坐标系可用于表示固定装置、工作台等设备。这就在相关坐标系链中提供了一个额外级别,有助于处理持有工件或其他坐标系的处理设备(见图4-96)。

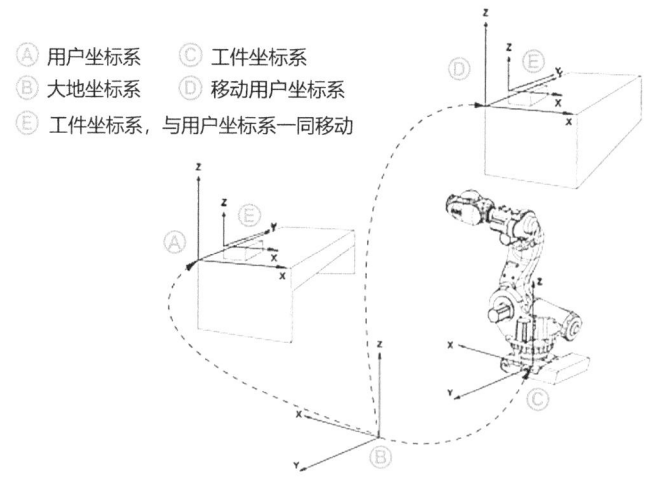

图 4-96　工件坐标系

二、参考坐标系的选取

在"线性运动"和"重新定位运动"的模式下可以选择机器人手动操纵的机器人坐标系。选择的坐标系不同，坐标原点不同，X、Y、Z 轴的方向不同（见图 4-97）。

图 4-97　参考坐标系选取

选择坐标系为工具坐标系,初始工具坐标设置为tool0,tool0为6轴法兰盘中心点。

选择坐标系为工件坐标系,初始工件坐标设置为wobj0,与基坐标一致。

任务五 工业机器人基本编程

一、编写机器人回到原点的程序

通过示教器手动操纵工业机器人,利用合适的指令使本体的轴1、轴2、轴3、轴4、轴6的关节角度均为0°,轴5的关节角度为90°。即工业机器人法兰盘轴线方向为竖直向下,并将此点命名为Home,并记录到主程序main中。

工业机器人在空间中常用的运动指令主要有关节运动(MoveJ)、线性运动(MoveL)、圆弧运动(MoveC)和绝对位置运动(MoveAbsj)四种指令。

1. 关节运动指令(MoveJ)应用

关节运动是对路径精度要求不高的情况下,工业机器人的工具中心点TCP从一个位置移动到另一个位置,两个位置之间的路径不一定是直线(见图4-98)。

(1)目标点位置数据定义机器人TCP点的运动目标,可以在示教器中单击"修改位置"进行修改。

(2)运动速度数据定义速度(mm/s)。

(3)转弯区数据定义转变区的大小(mm)。

(4)工具坐标数据定义当前指令使用的工具。

(5)工件坐标数据定义当前指令使用的工件坐标。

举例:MoveJ P20,V500,Z50,Tool1\wobj:=wobj1(见图4-99)。

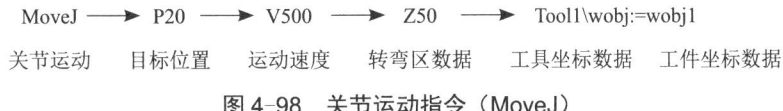

MoveJ ⟶ P20 ⟶ V500 ⟶ Z50 ⟶ Tool1\wobj:=wobj1
关节运动　目标位置　运动速度　转弯区数据　工具坐标数据　工件坐标数据

图4-98 关节运动指令(MoveJ)

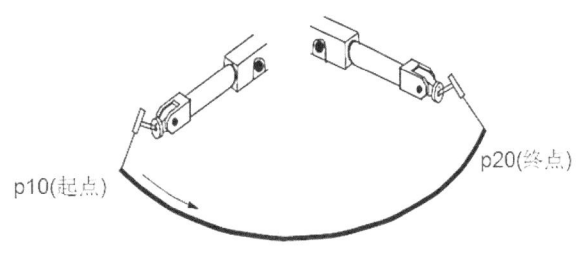

图4-99 关节运动指令举例

关节运动适合机器人大范围运动时使用，其不容易在运动过程中出现关节轴进入机械死点的问题。

2. 线性运动指令（MoveL）应用

线性运动是指机器人的TCP从起点到终点之间的运动路径始终保持为直线。如焊接、涂胶等对路径要求高的动作适合使用此指令（见图4-100）。

MoveL ⟶ P20 ⟶ V500 ⟶ Z50 ⟶ Tool1\wobj:=wobj1
线性运动　目标位置　运动速度　转弯区数据　工具坐标数据　工件坐标数据

图4-100　线性运动指令（MoveL）

举例：MoveL P20，V500，Z50，Tool1\wobj:=wobj1（见图4-101）。

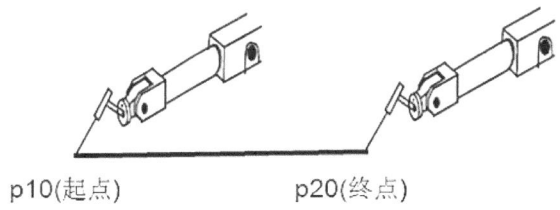

图4-101　线性运动指令举例

3. 圆弧运动指令（MoveC）应用

圆弧运动是在机器人可到达的控件范围内定义三个位置点：第一个点是圆弧的起点；第二个点用于圆弧的曲率；第三个点是圆弧的终点（见图4-102）。

MoveC ⟶ P1 ⟶ P1 ⟶ V500 ⟶ Z50 ⟶ Tool1\wobj:=wobj1
圆弧运动　圆弧第二个点　圆弧第三个点　运动速度　转弯区数据　工具坐标数据　工件坐标数据

图4-102　圆弧运动指令（MoveC）

举例：MoveL p10，v1000，z10，Tool1 \wobj:=wobj1；

MoveC p20，p30，v1000，z10，Tool1 \wobj:=wobj1（见图4-103）。

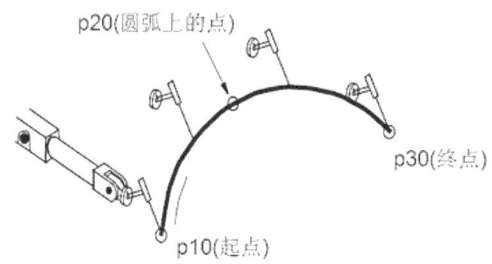

图4-103　圆弧运动指令举例

4. 绝对位置运动指令（MoveAbsj）应用

绝对位置运动指令（MoveAbsj）作用：将机器人各关节轴运动至给定位置（见图 4-104、图 4-105）。

MoveAbsj ⟶ P10 ⟶ V500 ⟶ Z50 ⟶ Tool1\wobj:=wobj1

绝对位置运动　　目标位置　　运动速度　　转弯区数据　　工具坐标数据　工件坐标数据

图 4-104　绝对位置运动指令（MoveAbsj）

参数	定义
目标点位置数据	定义机器人TCP的运动目标，可以在示教器中单击"修改位置"进行修改
运动速度数据	定义速度(mm/s)。在手动限速状态下，所有运动速度被限速在250mm/s
转弯区数据	定义转弯区的大小mm，如果转弯区数据fine，表示机器人TCP到达目标点，在目标点速度降为零
工具坐标数据	定义当前指令使用的工具
工件坐标数据	定义当前指令使用的工件坐标

图 4-105　绝对位置运动指令各参数定义

举例：MoveAbsj jpos10，v1000，z50，tool1；在示教器上设置jpos10点各关节参数。此指令的动作结果是：若关节目标点数据中各关节轴为0，则机器人运行至各关节轴0位置。

5. 创建程序的步骤

（1）选择"程序编辑器"选项。单击示教器主菜单下拉按钮，选择"程序数据"（见图 4-106）。

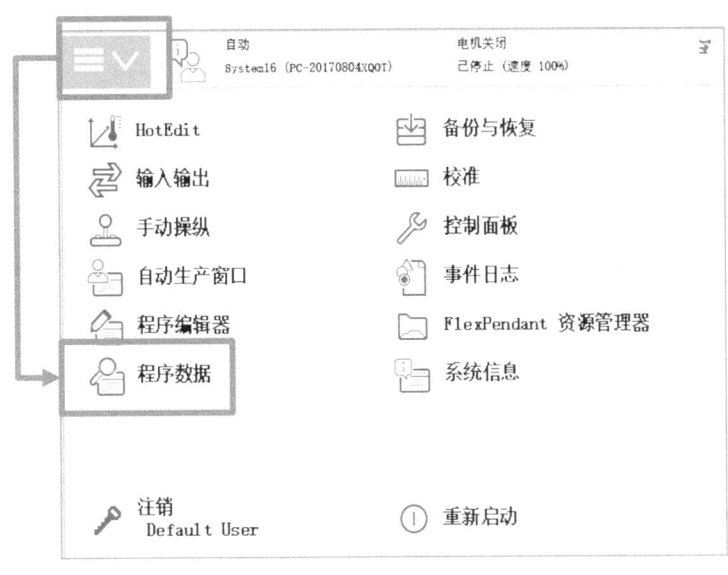

图 4-106　创建程序（1）

（2）新建模块。如果是第一次创建程序的情况下，自动弹出"无程序"，选择"新建"，自动新建"MainModule"（见图4-107）。

图4-107　创建程序（2）

如果不是第一次创建程序的情况下，在程序编辑器界面单击"模块"，单击"文件"，选择"新建模块...."，设定模块的名称和类型（见图4-108）。

图4-108　创建程序（3）

（3）新建例行程序。如果是第一次创建程序的情况下，在新建模块"MainModule"会自动生成例行程序 main( )（见图 4-109）。

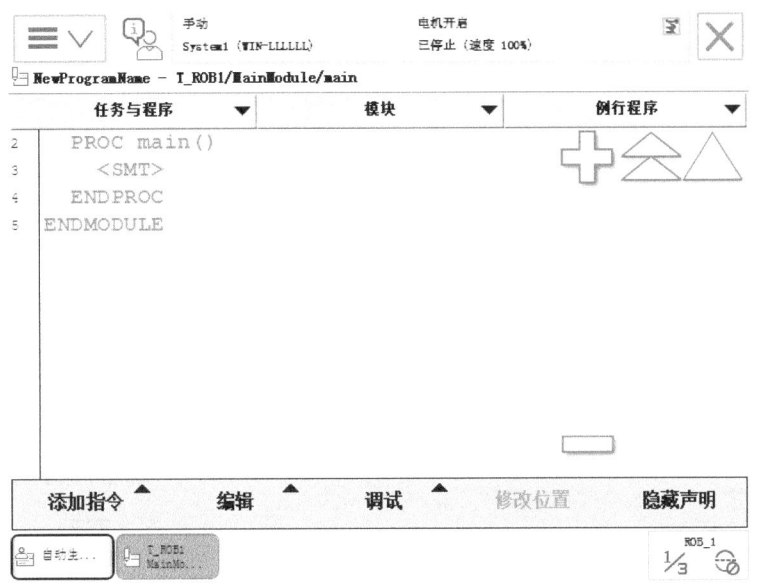

图 4-109　创建程序（4）

注意：main( ) 称为主程序，在机器人程序里有且只有一个主程序。如果需要新建其他例行程序，在程序编辑器界面单击"例行程序"（见图 4-110）。

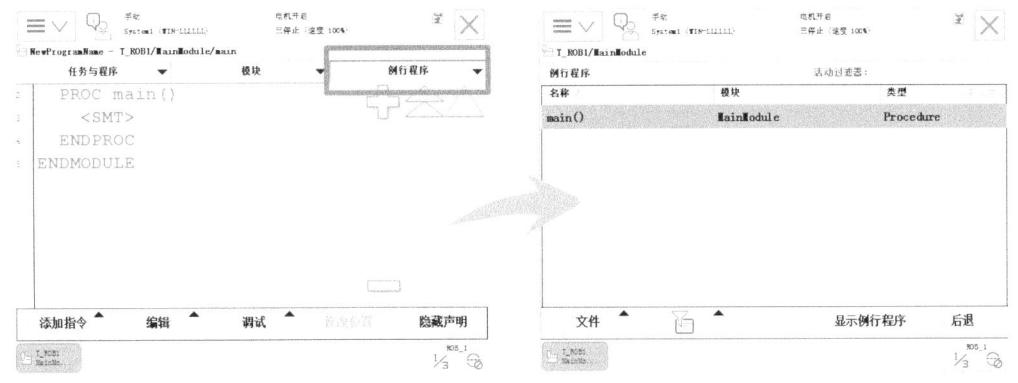

图 4-110　创建程序（5）

单击"文件"，选择"新建例行程序..."，设定例行程序的名称和类型（见图 4-111）。

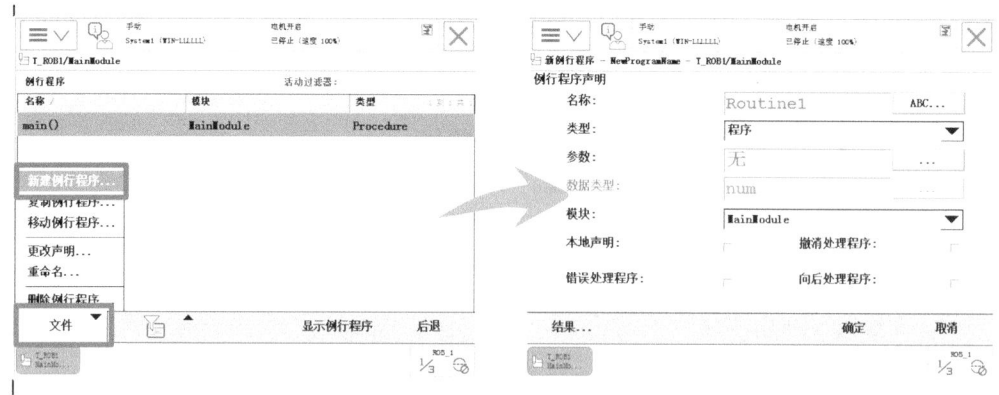

图 4-111 创建程序（6）

（4）添加指令。在主操作界面选择手动操作（见图 4-112）。

◆ 在主操作界面选择手动操作

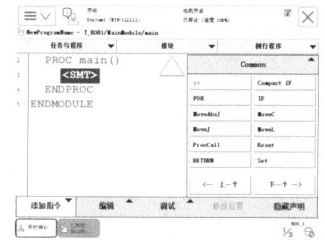
◆ 确定已选定工具坐标与工件坐标

◆ 选中<SMT>为添加指令位置，打开添加指令菜单

◆ 在指令列表中选择MoveAbsj指令

◆ 单击添加指令关闭指令列表，可以看到MoveAbsj指令

图 4-112 添加指令

6.6 个关节角度设置步骤

（1）在指令列表中选择 MoveAbsj 指令（见图 4-113）。

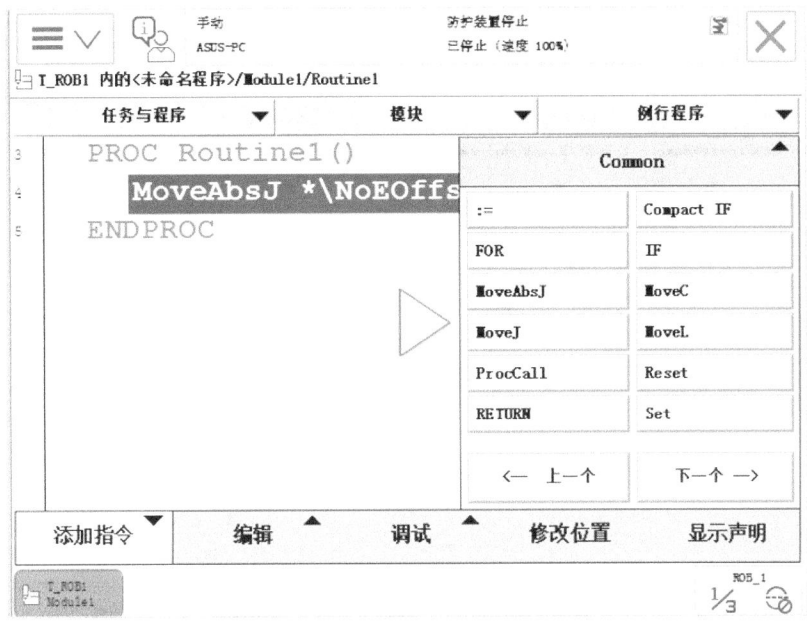

图 4-113 选择 MoveAbsJ 指令（1）

（2）单击添加指令关闭指令列表。可以看到 MoveAbsJ 指令（见图 4-114）。

图 4-114 选择 MoveAbsJ 指令（2）

(3) 双击"*"(见图 4-115)。

图 4-115　创建关节点数据（1）

(4) 单击"新建",创建关节点数据 Jointtarget（见图 4-116）。

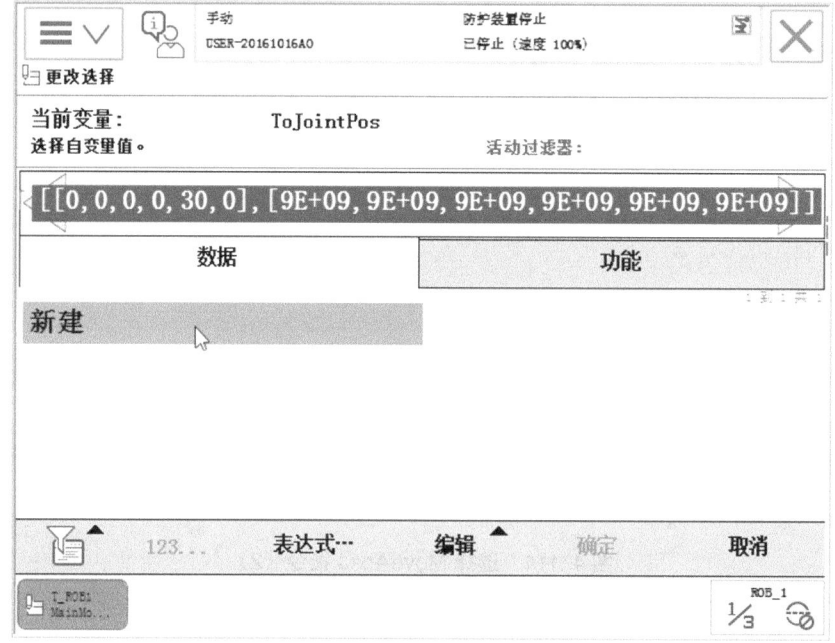

图 4-116　创建关节点数据（2）

（5）设定关节点数据 jointtarget 的名称和其他参数，单击"确定"（见图 4-117）。

图 4-117　设定关节点数据 jointtarget 的名称和其他参数

（6）选择"jpos10"，单击"调试"，选择"查看值"（见图 4-118）。

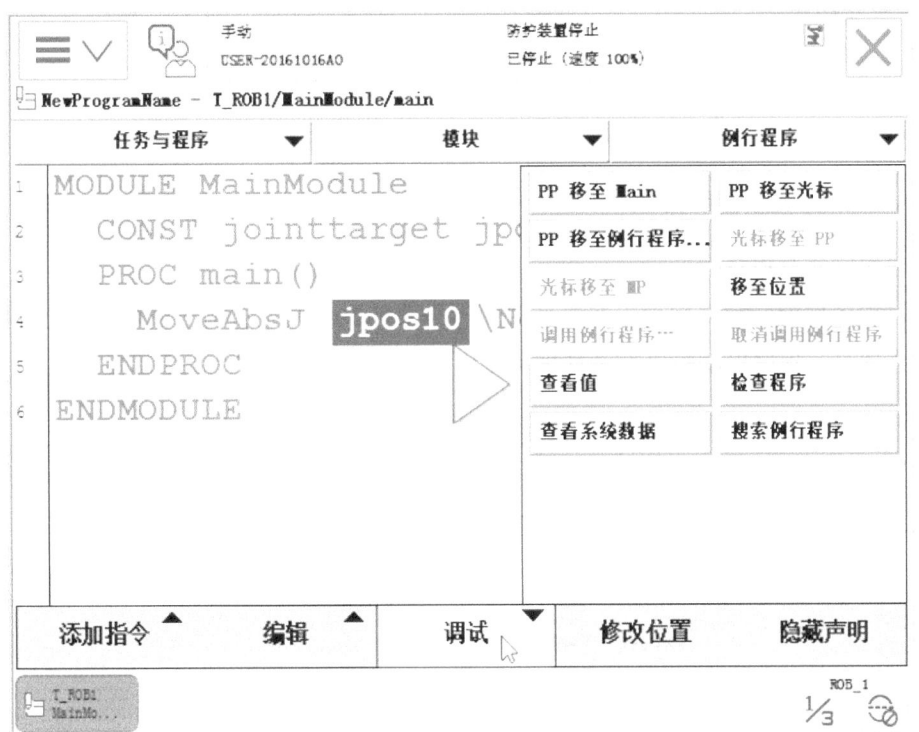

图 4-118　设定 1～6 关节轴的值（1）

(7) 依次设定 1～6 关节轴的值（见图 4-119）。

图 4-119　设定 1～6 关节轴的值（2）

二、机器人程序的调试与运行

1. 程序检查与调试

（1）程序检查。程序检查主要包括检查程序中位置点是否正确，检查程序中逻辑控制器是否合理等。程序自动检查方法如图 4-120 所示。

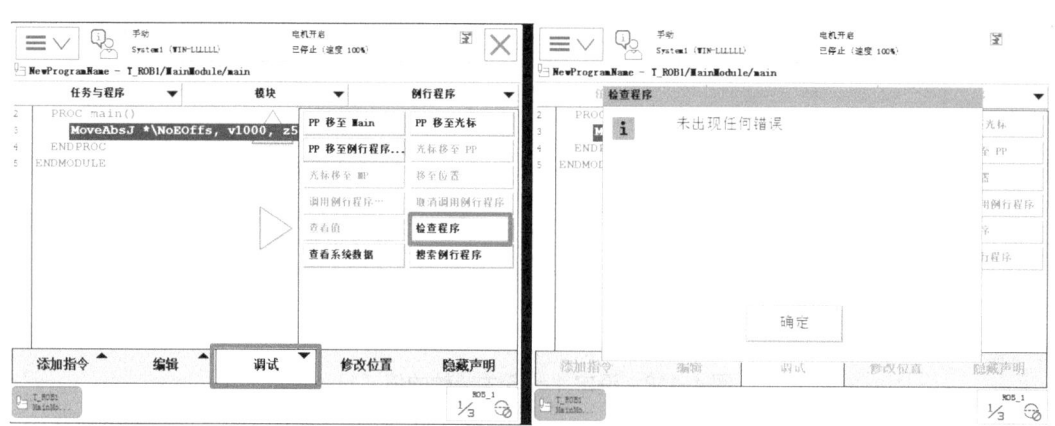

图 4-120　程序检查

（2）示教器的常用调试按钮有单步后退、程序启动、程序停止、单步向前（见图 4-121）。

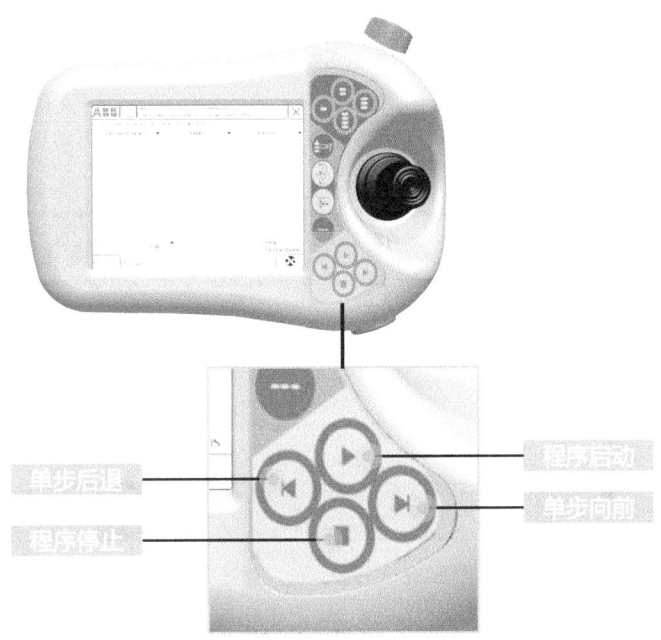

图 4-121　示教器的常用调试按钮

2. 手动运行操作

（1）单击"调试"打开调试菜单，单击"PP 移至例行程序…"（见图 4-122）。

图 4-122　手动运行操作（1）

（2）选中需要调试的例行程序，然后单击"确定"按钮（见图4-123）。

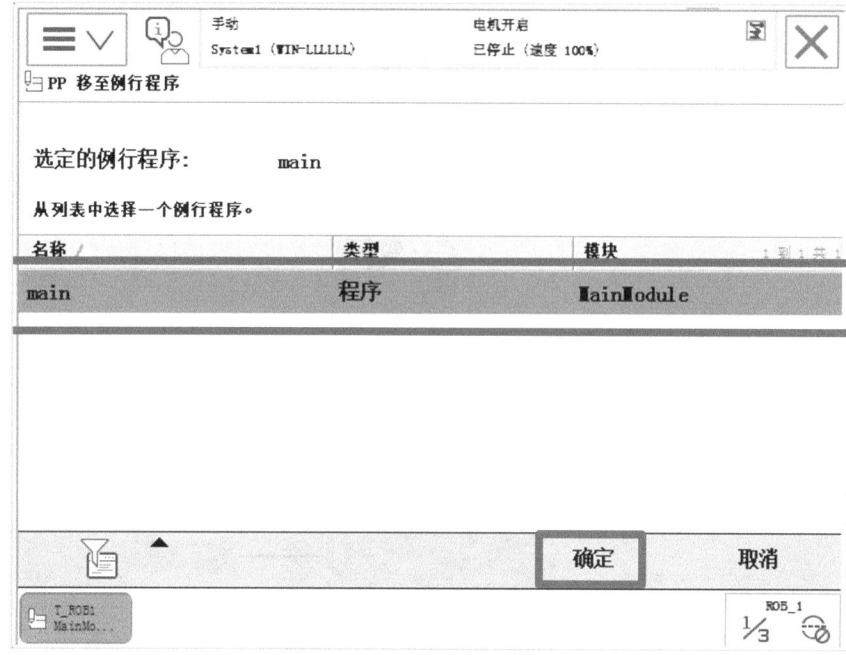

图4-123　手动运行操作（2）

（3）等待程序指针出现（见图4-124）

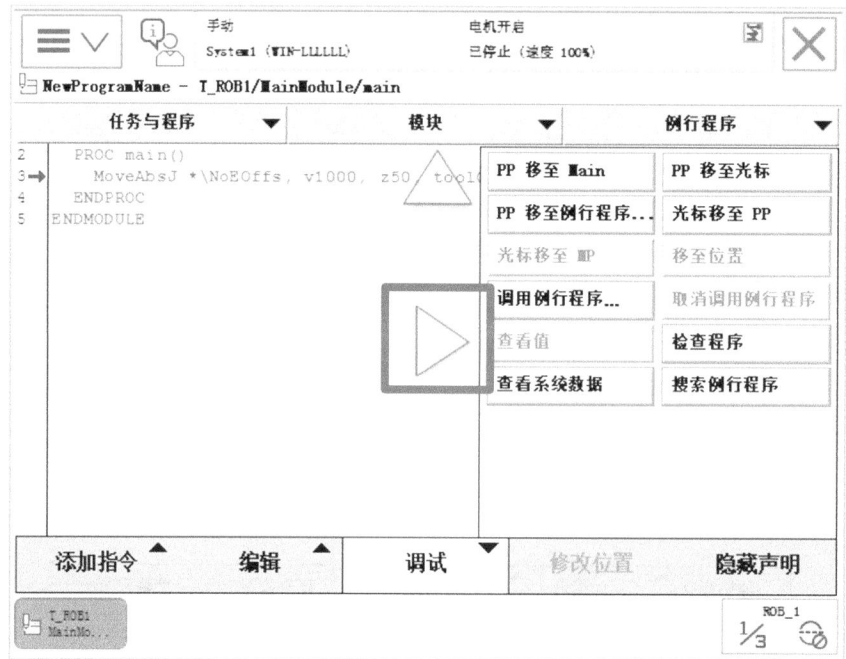

图4-124　手动运行操作（3）

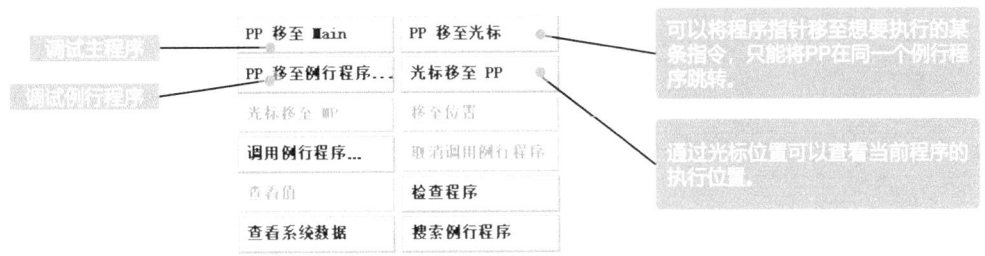

图4-124 手动运行操作（3）续

3. 自动运行操作

在机器人程序调好的前提下，将机器人控制柜上的控制模式切换钥匙调整至自动模式。示教器上弹出切换为自动模式的提示，单击"确定"按钮（见图4-125）。

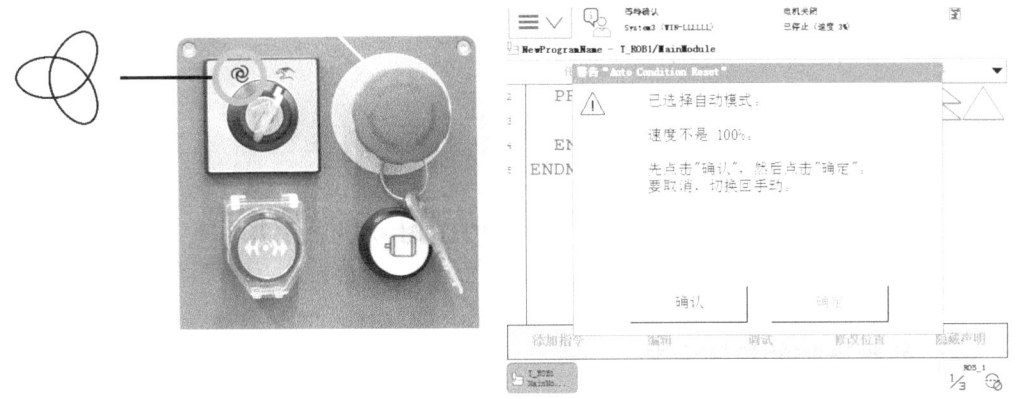

图4-125 自动运行操作（1）

按下电机上电按钮，使其处于常亮状态；然后按下运行按钮，程序就会开始自动运行（见图4-126）。

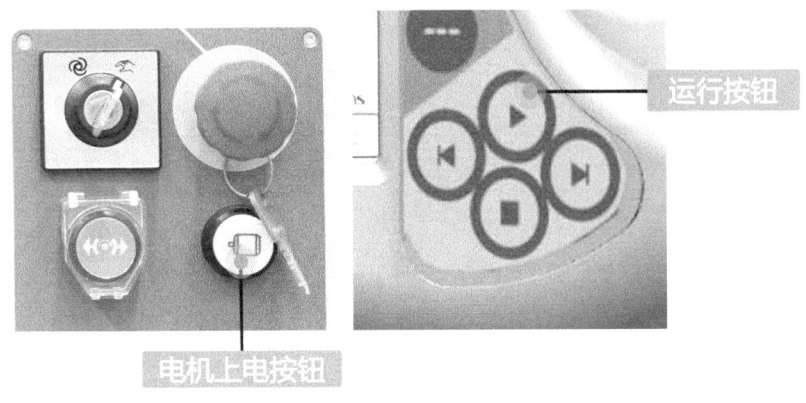

图4-126 自动运行操作（2）

项目五 工业机器人系统的示教编程应用

任务一 产品外壳的基础涂胶

一、外壳涂胶的机械安装

选用适当工具,安装涂胶单元模块,并根据如图5-1所示的涂胶单元布局示意将其固定在台面上。涂胶单元安装完成示意如图5-2所示。

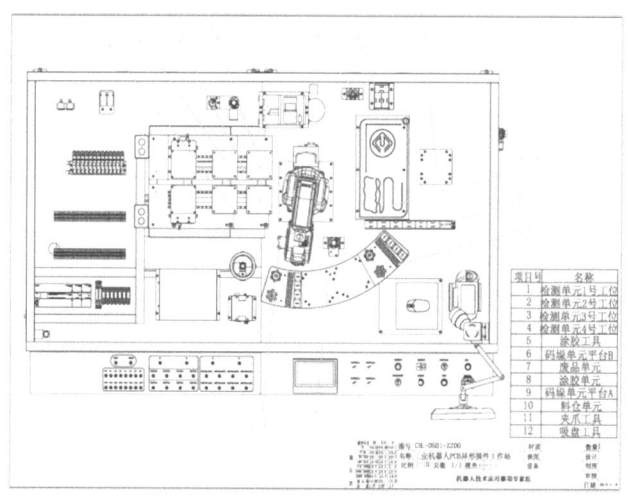

图 5-1 涂胶单元布局示意图

项目五
工业机器人系统的示教编程应用

图 5-2　涂胶单元安装完成示意

二、周边设备的编程调试

编写、下载并调试触摸屏程序及 PLC 控制程序，就可以实现在触摸屏上选择工业机器人要执行的工艺流程。

（1）编写并下载触摸屏程序，触摸屏背景为工作站全景图片，界面上包含"涂胶"按钮。

编程调试步骤如下。

① 单击"EasyBuilder Pro"（见图 5-3）。

图 5-3　编程调试软件界面

② 单击"开新文件"(见图 5-4)。

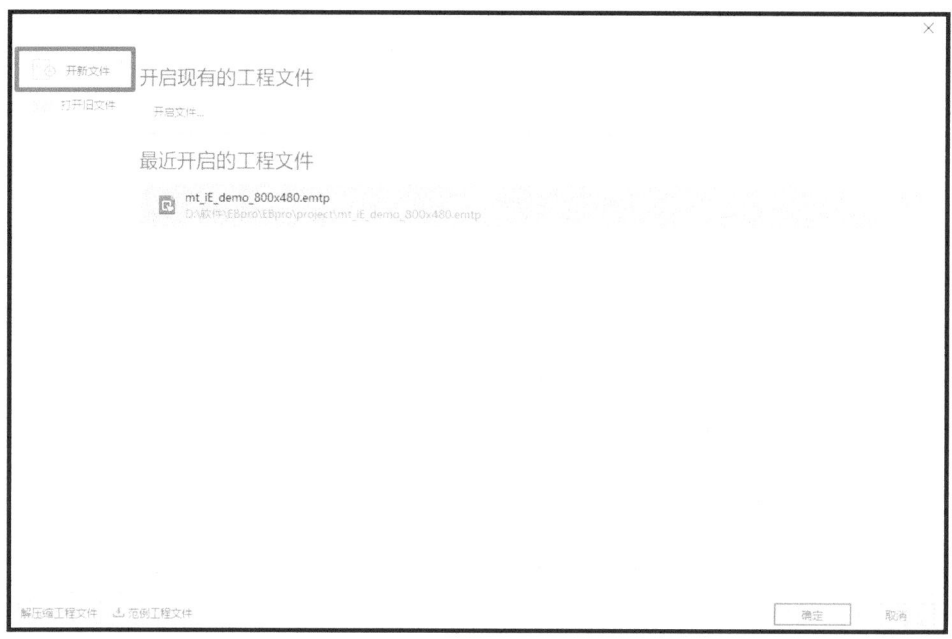

图 5-4　创建新文件

③ 选择型号 TK8071iP(800×480) 触摸屏,单击"确定"按钮(见图 5-5)。

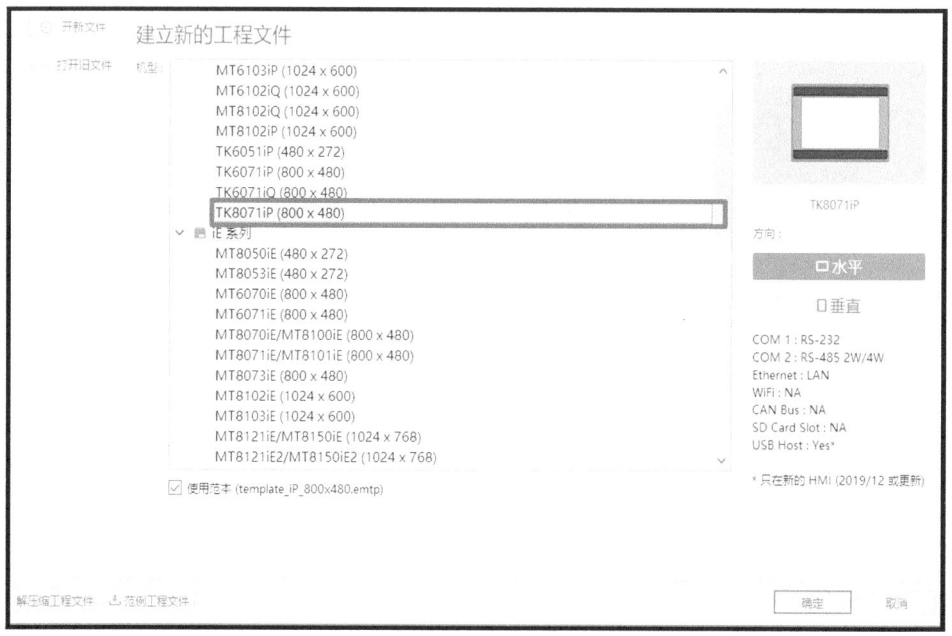

图 5-5　选择型号

④ 单击"新增设备 / 服务器 ..."(见图 5-6)。

项目五
工业机器人系统的示教编程应用

图 5-6 新增设备/服务器

⑤ 在"设备类型"选项框中选择"Simens S7-200 SMART PPI"（见图 5-7）。

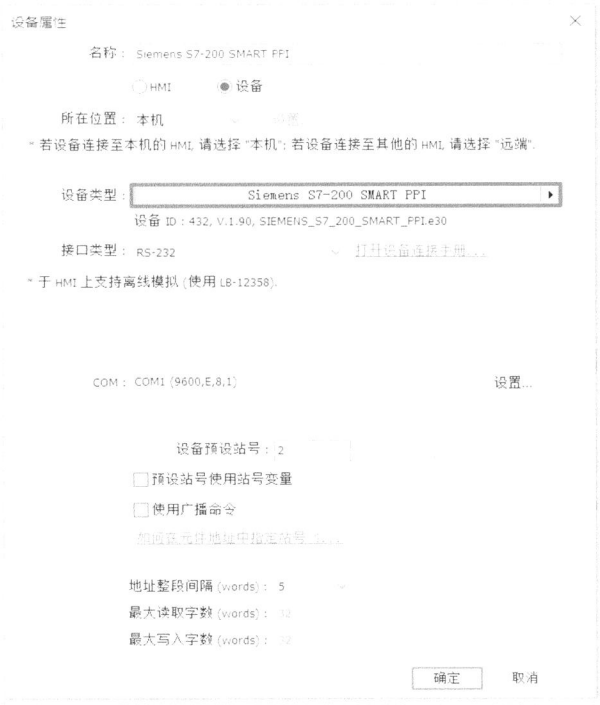

图 5-7 选择设备类型

⑥ 选择"Siemens AG",然后单击"Siemens S7-200 SMART (Ethernet)",再单击"确定"按钮(见图5-8)。

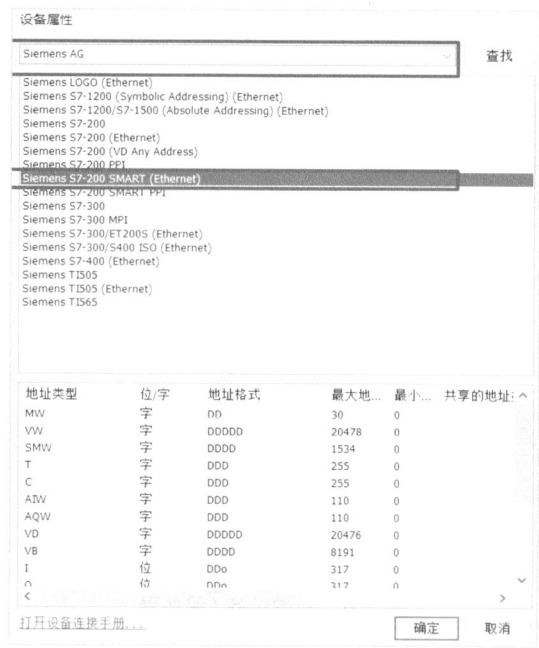

图5-8 选择PIC型号

⑦ 单击"设置..."(见图5-9)。

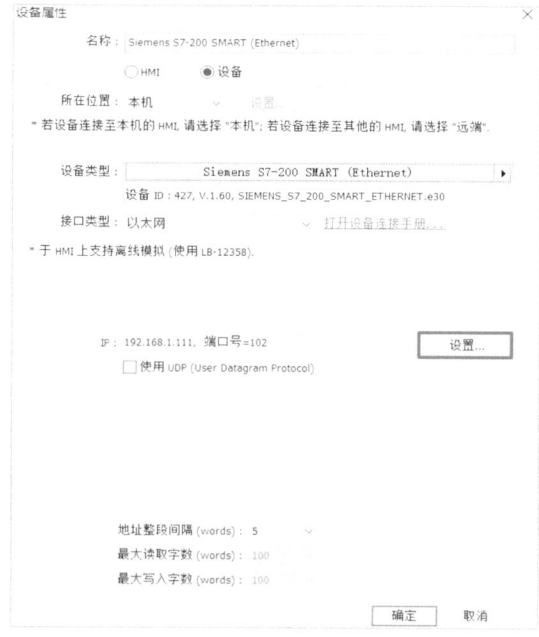

图5-9 设置设备属性(1)

⑧ 设置 IP 地址，选择与 PLC 同一地址，单击"确定"按钮（见图 5-10）。

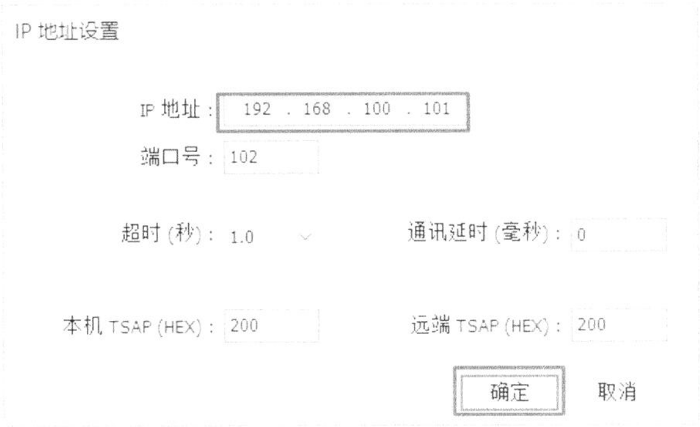

图 5-10　设置触膜屏地址

⑨ 设置设备属性，单击"确定"按钮（见图 5-11）。

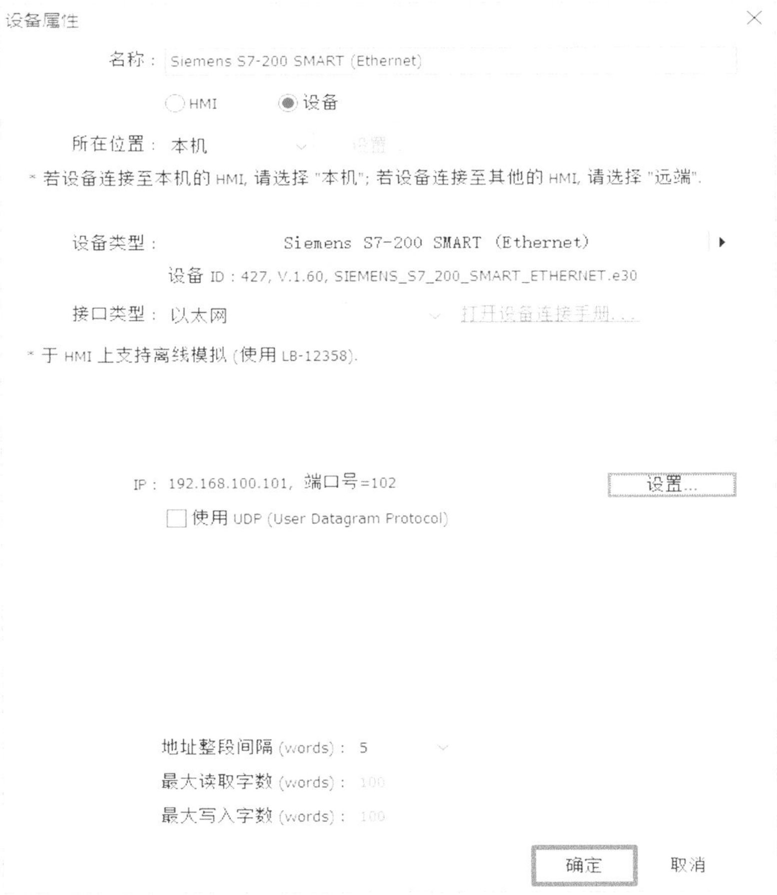

图 5-11　设置设备属性（2）

⑩ 设置系统参数，单击"确定"按钮（见图 5-12）。

图 5-12　设置系统参数

⑪ 单击"图片"元件（见图 5-13）。

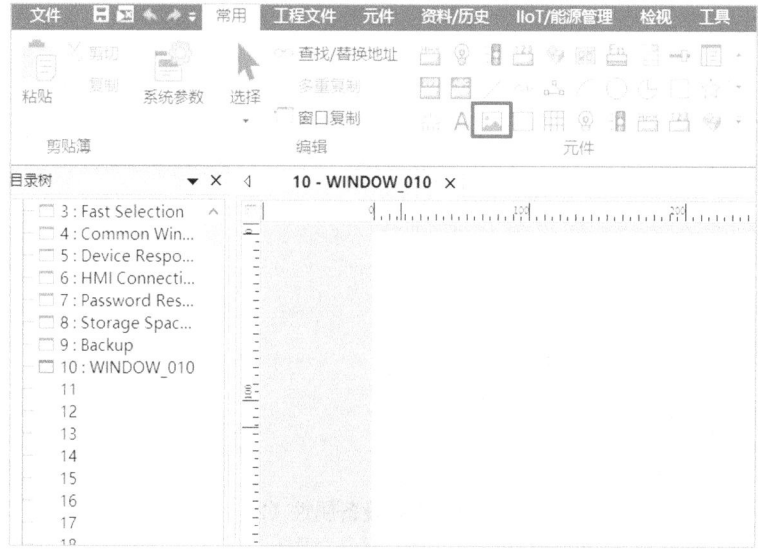

图 5-13　选择图片元件

⑫ 单击"图库..."（见图 5-14）。

图 5-14　选择图库

⑬ 单击"新增..."选择需要的图片，单击"确定"按钮（见图 5-15）。

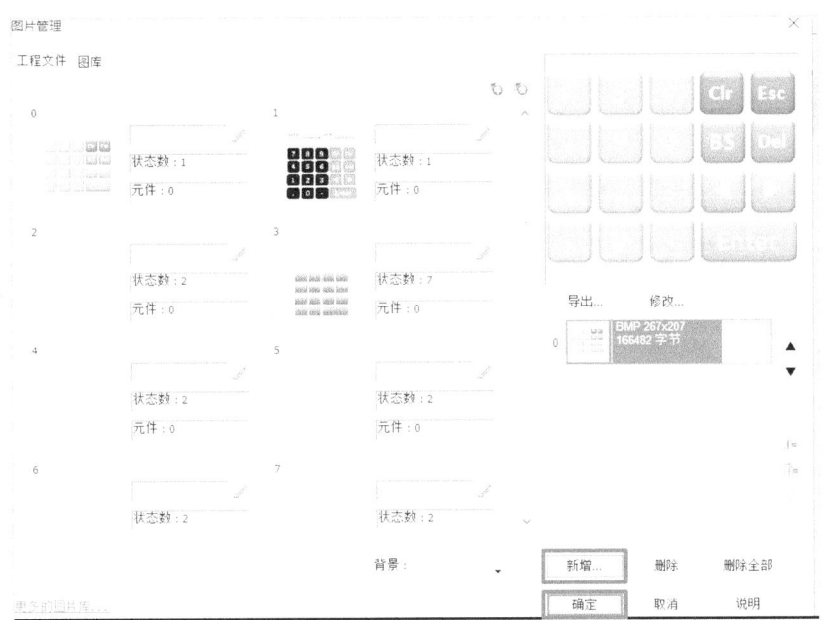

图 5-15　添加图片

⑭ 单击画面出现的图片，然后调整图片的大小，使图片铺满画面（见图 5-16）。

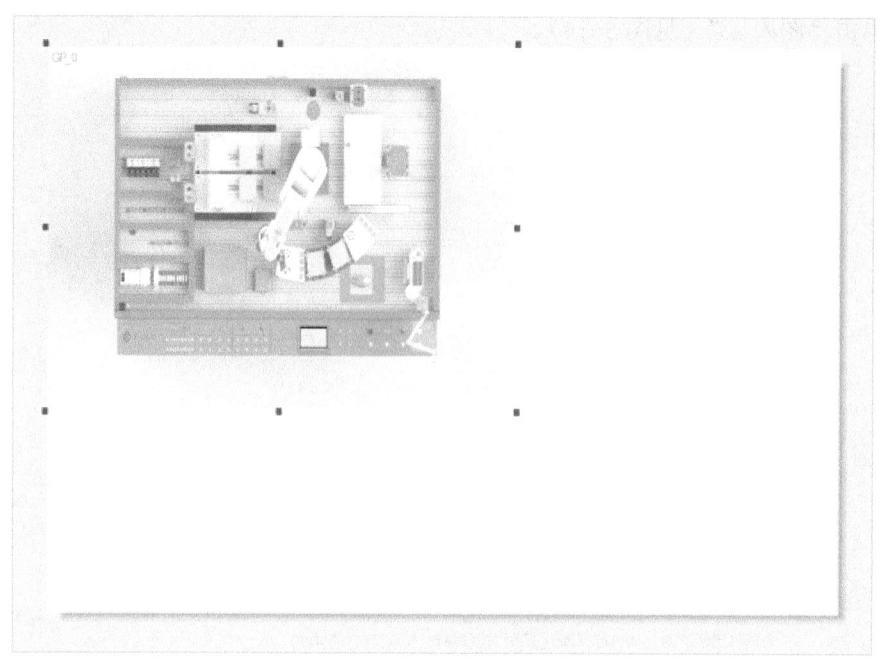

图 5-16 调整图片大小

⑮ 单击"位状态设置"元件(见图 5-17)。

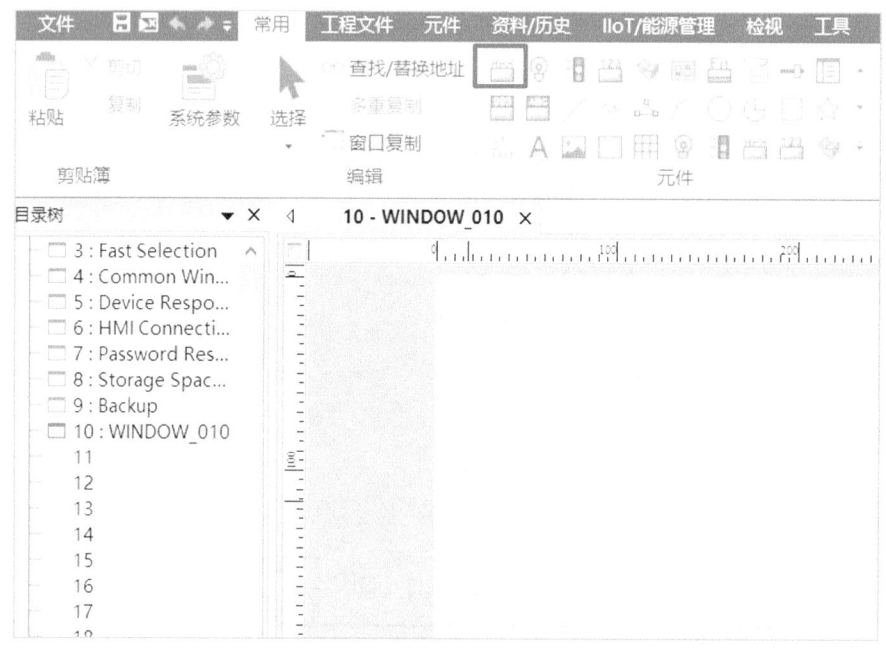

图 5-17 添加位状态设置元件

⑯ 单击"地址"选择为"M""0.1"(见图 5-18)。

图 5-18 位状态设置地址

⑰ 单击"开关类型"选择"复归型"(见图 5-19)。

图 5-19 设置开关类型

⑱ 单击"标签"勾选"使用文字标签"（见图 5-20）。

图 5-20　设置文字标签

⑲ 在内容框中输入"涂胶"两字（见图 5-21）。

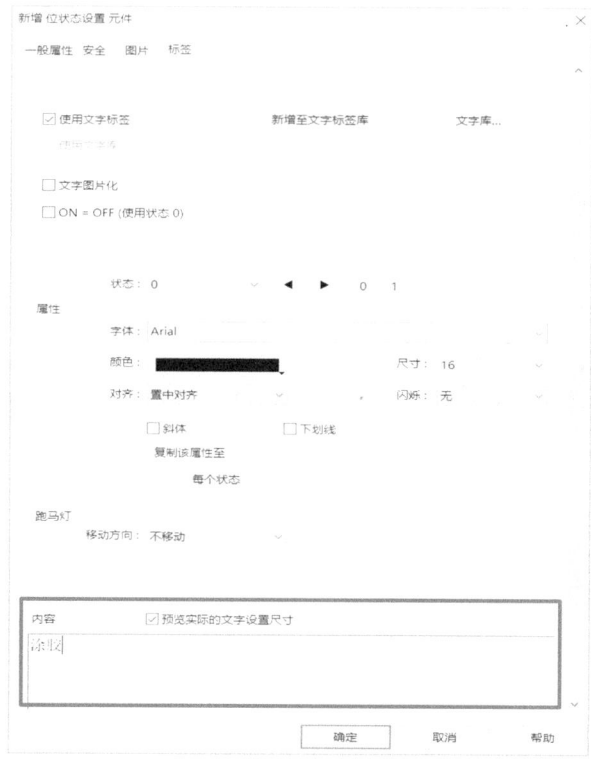

图 5-21　在内容中输入文字

⑳ 设置位状态设置元件属性，单击"确定"（见图5-22）。

图5-22　位状态设置元件属性

㉑ 调整涂胶元件合适的位置（见图5-23）。

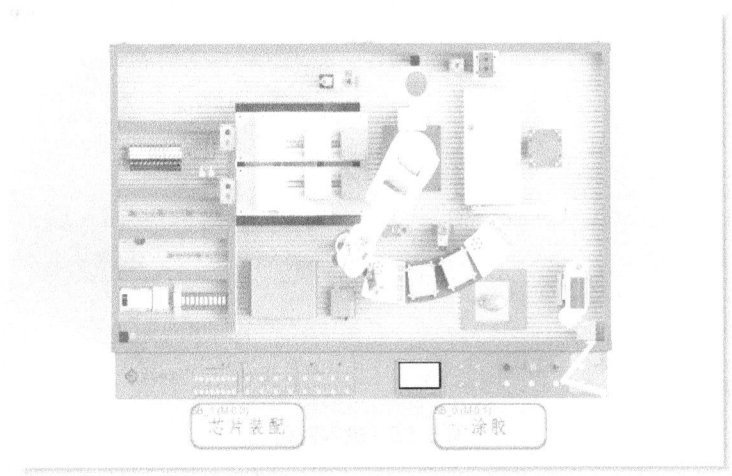

图5-23　调整涂胶元件合适的位置

㉒ 单击触摸屏右下角箭头（见图5-24）。

图 5-24　下载程序

㉓ 输入密码，初始密码"111111"（见图5-25）。

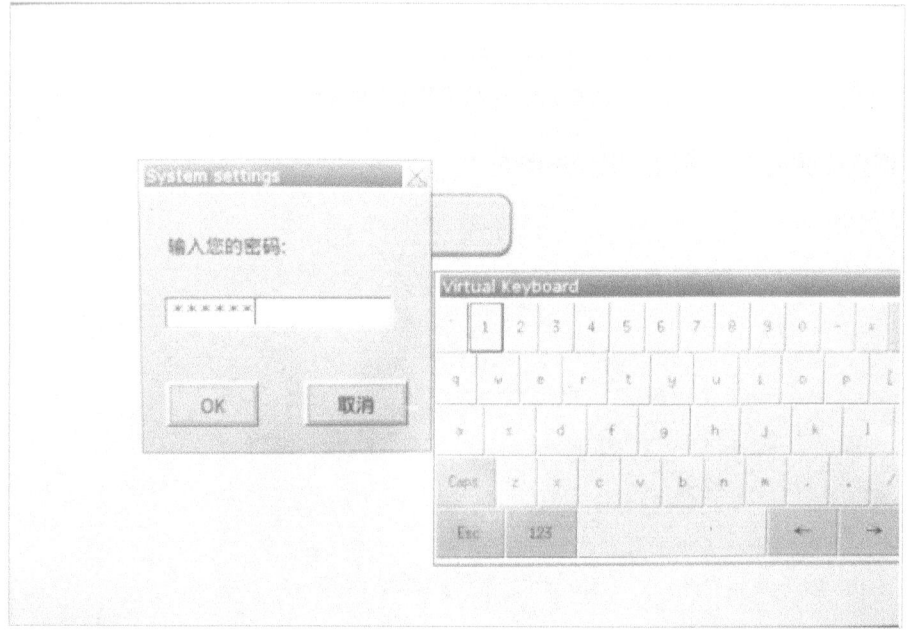

图 5-25　输入密码

㉔ 设置触摸屏 IP 地址（IP 地址根据个人实际情况修改，与 PLC 同一网段），设置好 IP 地址后单击"OK"按钮（见图 5-26）。

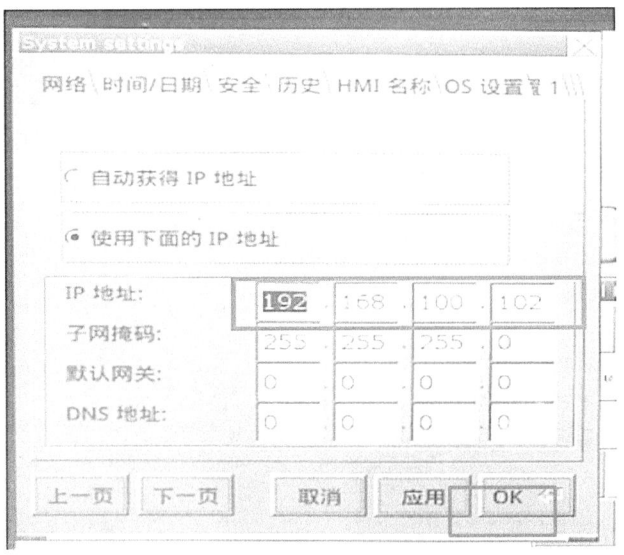

图 5-26　设置触摸屏 IP 地址

㉕ 通过网线将触摸屏与电脑端网线连接，打开电脑本地连接属性，双击"Internet 协议版本 4（TCP/IPv4）"（见图 5-27）。

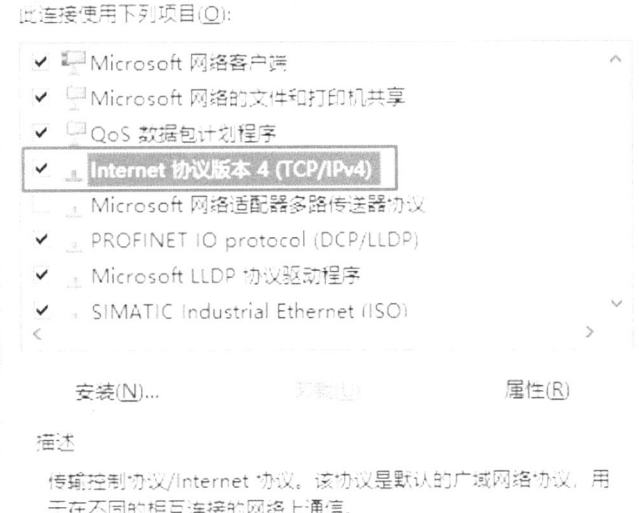

图 5-27　设置电脑本地 IP（1）

㉖ 设置 IP 地址，使电脑网段与触摸屏一致后，单击"确定"按钮（见图 5-28）。

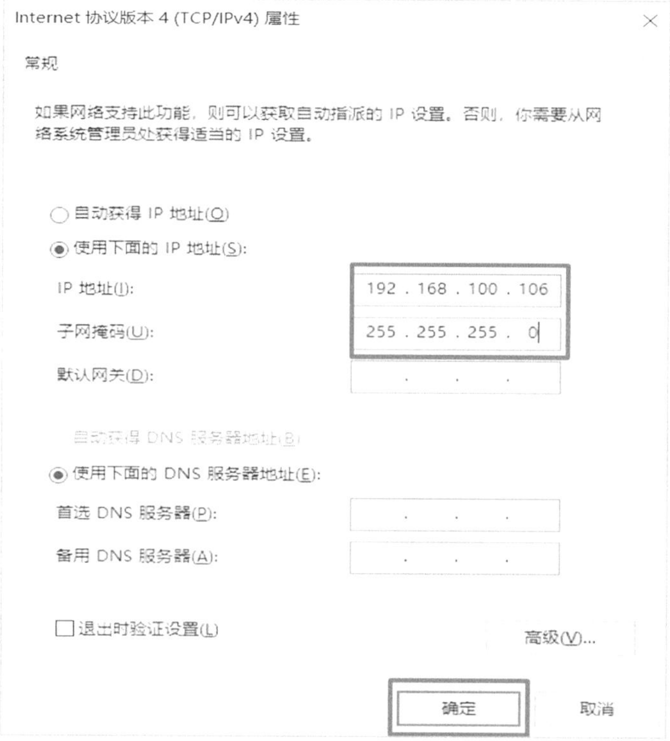

图 5-28 设置电脑本地 IP（2）

㉗单击"下载（PC->HMI）"另存为文件（见图 5-29）。

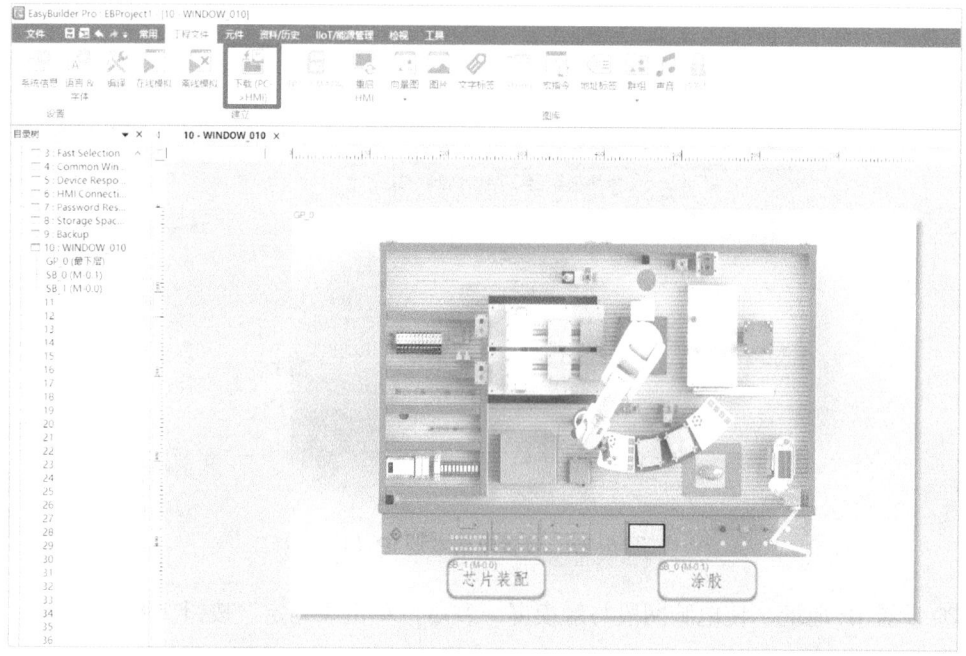

图 5-29 下载程序

㉘程序自动编译成功没有错误后会自动弹出下载窗口（见图5-30）。

图 5-30　编译程序

㉙单击"搜寻全部"，然后单击触摸屏地址，单击"下载"按钮（见图5-31）。

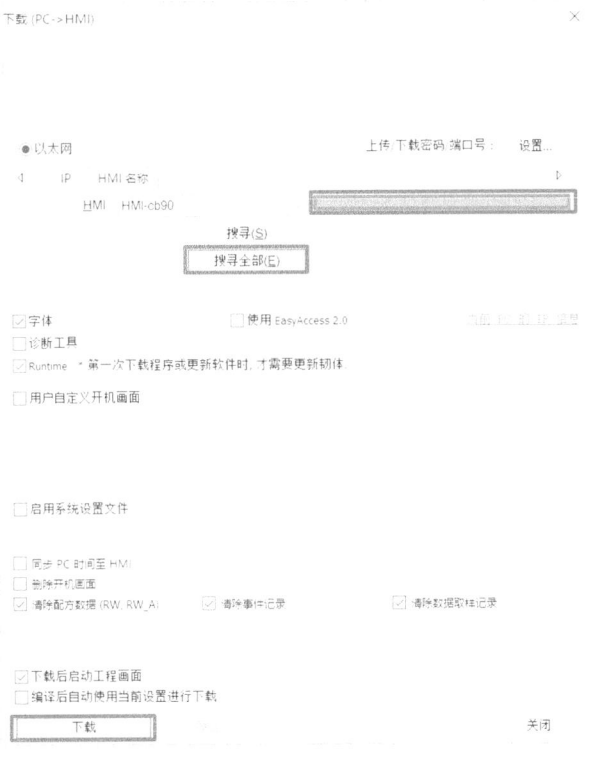

图 5-31　下载程序

（2）编写并下载 PLC 程序，实现程序：按下"涂胶"按钮时，工业机器人输入信号 Option02 值变为 1；反之为 0。涉及变量地址：DSQC652 1 Option02 流程选择信号，值为 1 时，表示选择涂胶。PLC 端输出信号 Q12.1。

步骤如下。

① 双击"CPU ST60"（见图 5-32）。

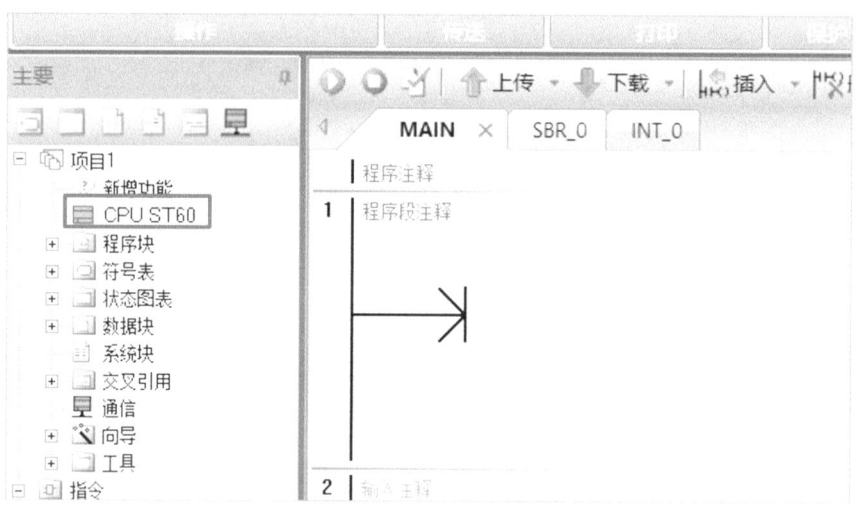

图 5-32 设置 CPU ST60

② 勾选选项，设置 PLC 的 IP 地址，使其与触摸屏在同一网段（见图 5-33）。

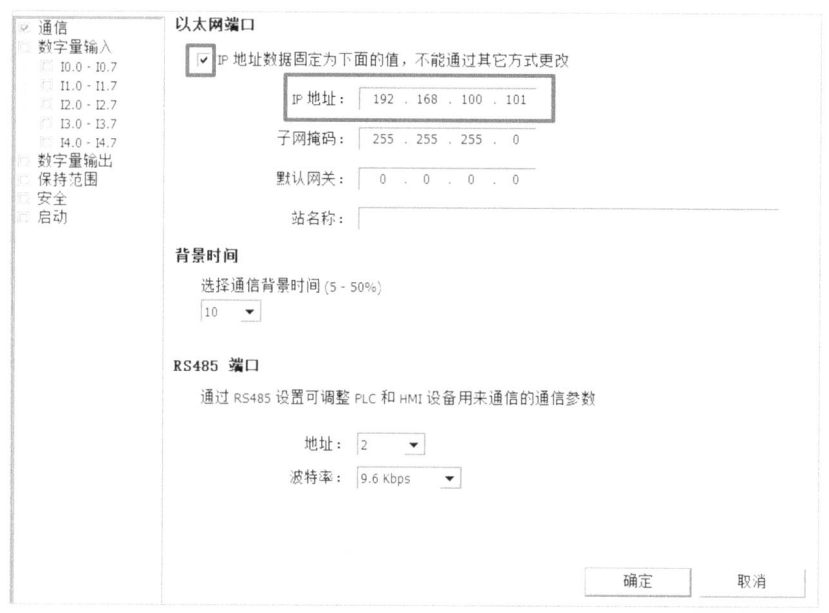

图 5-33 设置 PLC 的 IP 地址

③ 单击"EM 0"选择为"EM DR08"(见图5-34)。

图5-34 添加拓展模块(1)

④ 单击"EM 1"添加拓展模块"EM DR16"(见图5-35)。

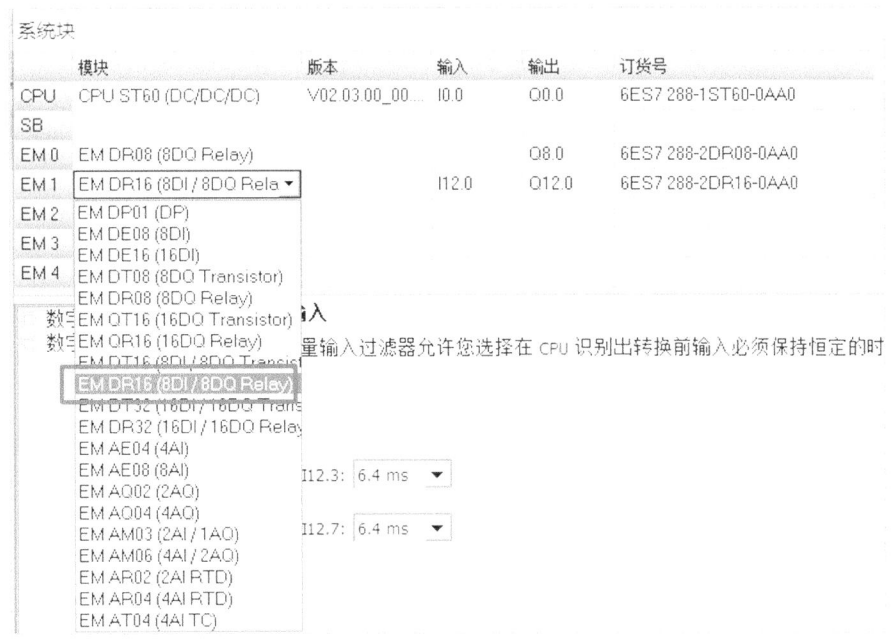

图5-35 添加拓展模块(2)

⑤ 单击"确定"按钮（见图5-36）。

图5-36 系统块界面

⑥ 编辑程序输入信号"M0.1"为触摸屏涂胶按钮，输出信号"Q12.1"为工业机器人信号Option 02（见图5-37）。

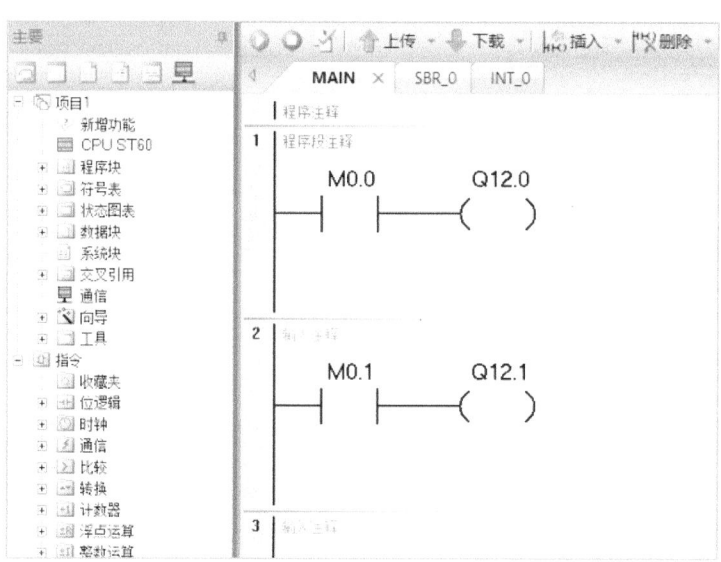

图5-37 程序编写界面

⑦ 单击"下载"选择网络通信接口找到 PLC 的 IP 地址连接,单击"确定"按钮(见图 5-38)。

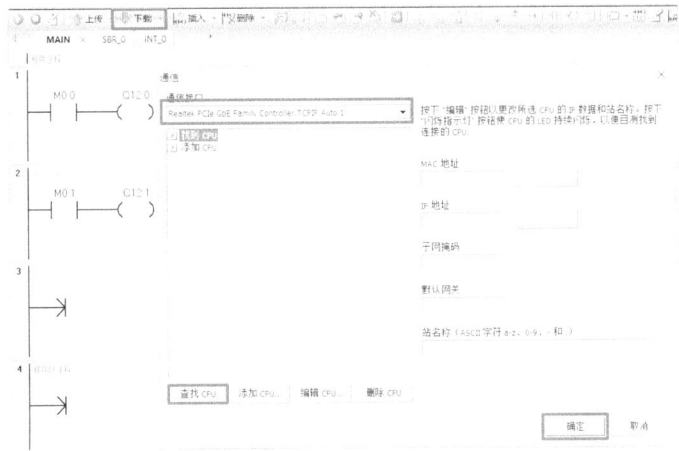

图 5-38 下载 PLC 程序

三、涂胶程序的编程调试

当按下"涂胶"按钮时,机器人会自动抓取涂胶笔工具,并按照图 5-39 所示轨迹 1 (A—B—C)、轨迹 2(圆)、轨迹 3(不规则路径)的顺序完成涂胶(轨迹距离涂胶板 5mm),最后释放涂胶笔工具。手动模式下调式无误后切换至自动模式,程序运行速率为 30%。

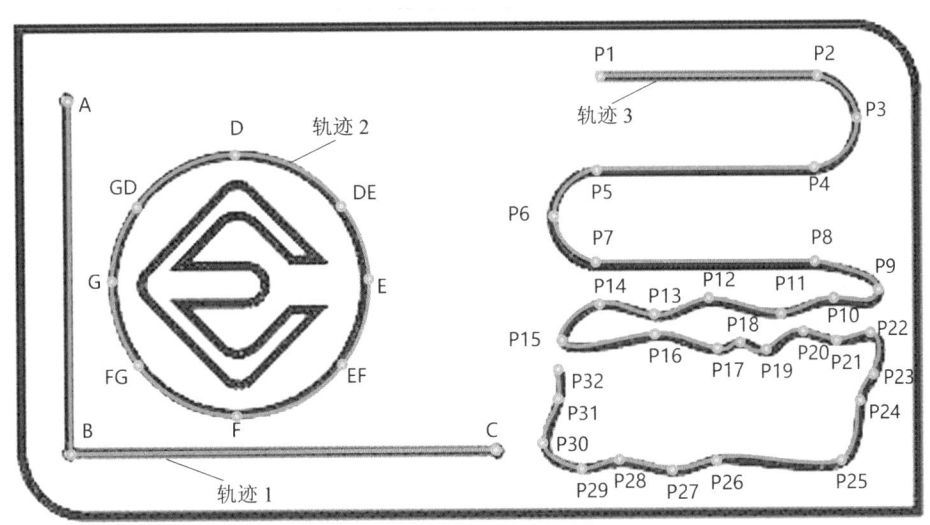

图 5-39 涂胶轨迹

（1）利用工作台上所提供的标定辅助工具，选用"TCP 和 Z 轴"法标定涂胶工具的工具坐标系：工具坐标命名为 toolR1；工具坐标 toolR1 的 Z 轴正方向如图 5-40 所示；涂胶工具质量为 0.7kg，重心数据（0，0，50）；标定平均误差不超过 1.0mm。

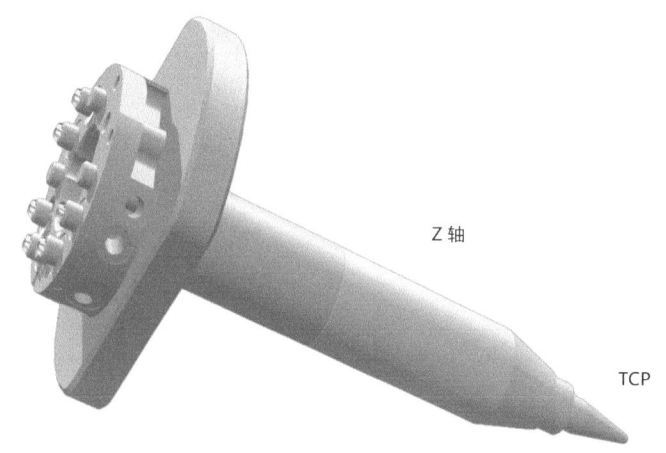

图 5-40 涂胶工具及其坐标系、toolR1 示意

（2）信号配置

信号参数如图 5-41 所示。

硬件设备	地址	名称	功能描述	对应设备
DSQC652	10	d652	挂载到DeviceNet网络下	标准I/O板
工业机器人输出信号				
DSQC652	7	QuickChange	控制快换装置信号（快换装置为卸载状态时值为1；快换装置为装载状态时值为0）	快换装置
DSQC652	9	Sucker01	切换吸盘工具吸取、释放状态的信号（吸盘工具吸取工件时值为1；吸盘工具释放工件时值为0）	吸盘工具（单）
工业机器人输入信号				
DSQC652	0	Option01	流程选择信号。值为1时，表示选择芯片装配	PLC输出端Q12.0
DSQC652	1	Option02	流程选择信号。值为1时，表示选择涂胶	PLC输出端Q12.1

图 5-41 信号参数

信号配置步骤如下。

① 单击"控制面板"（见图 5-42）。

项目五 工业机器人系统的示教编程应用

图 5-42 控制面板

② 单击"配置"(见图 5-43)。

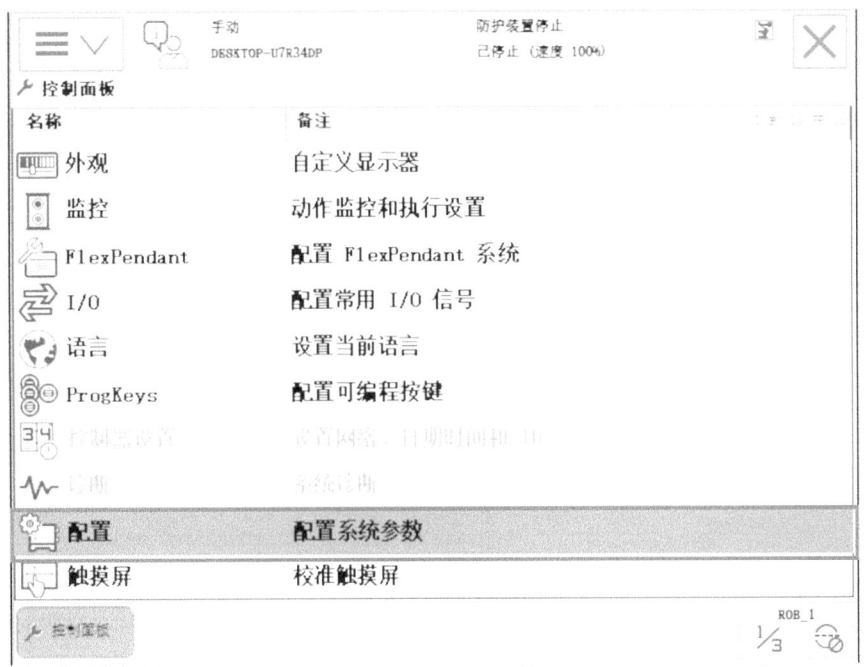

图 5-43 配置系统参数

③ 单击"DeviceNet Device"然后单击"显示全部"按钮（见图 5-44）。

图 5-44　配置信号板

④ 单击"添加"后选择"DSQC 652 VDC I/O Device"（见图 5-45）。

图 5-45　配置 D652 信号板

⑤ 下划页面并根据信号参数表修改地址值为10，单击"确定"按钮后示教器应不重启（见图5-46）。

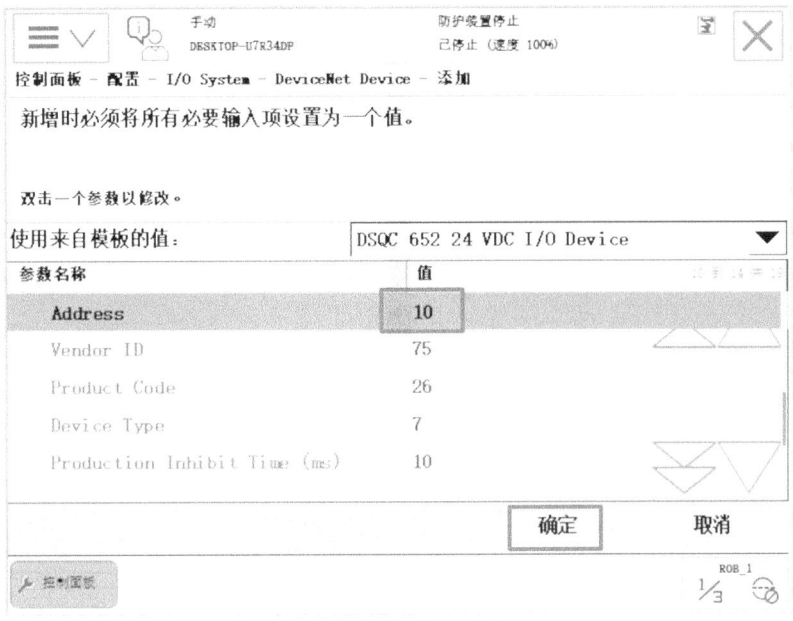

图5-46　修改地址

⑥ 单击"Signal"后单击"显示全部"按钮（见图5-47）。

图5-47　配置信号（1）

⑦ 单击"添加",然后根据"信号参数表"配置信号(见图5-48)。单击"确定"按钮后示教器不重启(见图5-49)。

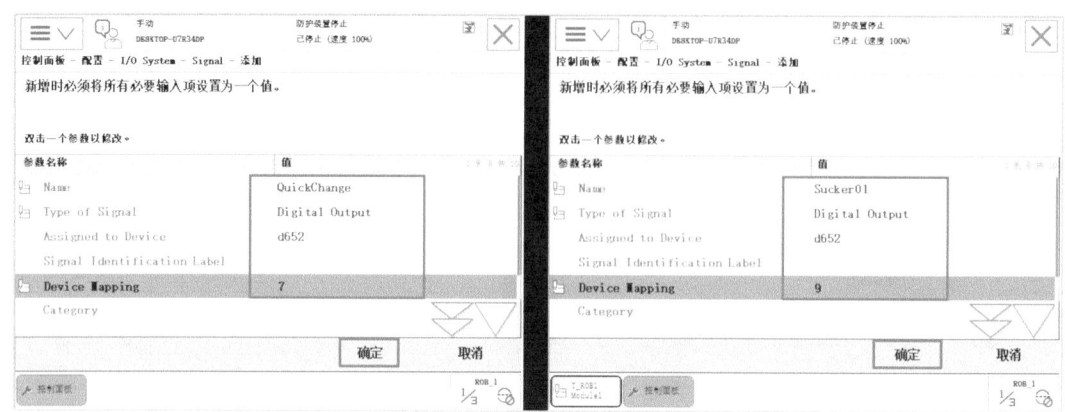

图5-48 配置信号(2)

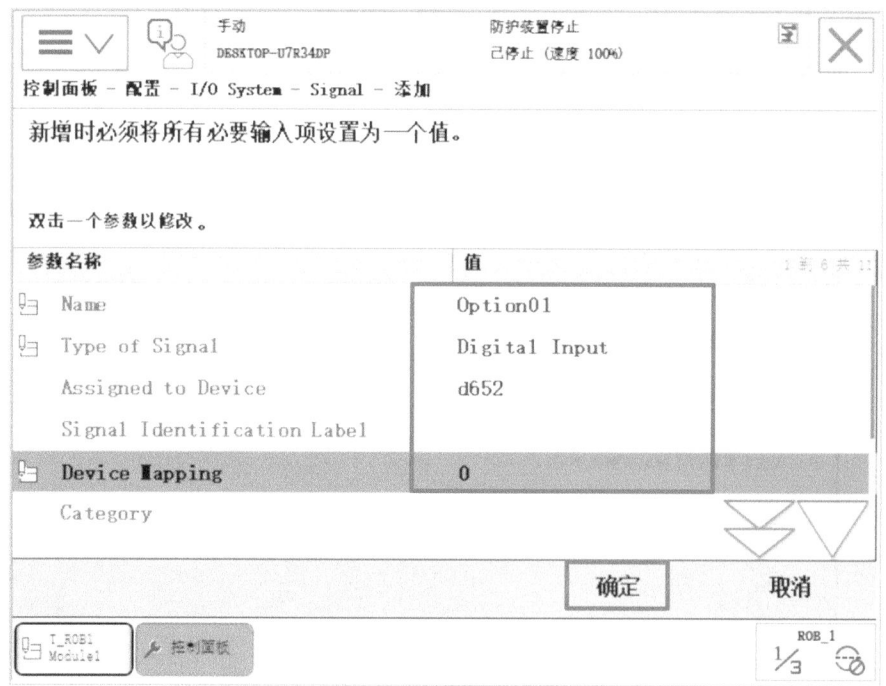

图5-49 配置信号(3)

⑧ 单击"添加"后根据"信号参数表"配置信号。单击"确定"按钮,然后重启示教器(见图5-50)。

项目五
工业机器人系统的示教编程应用

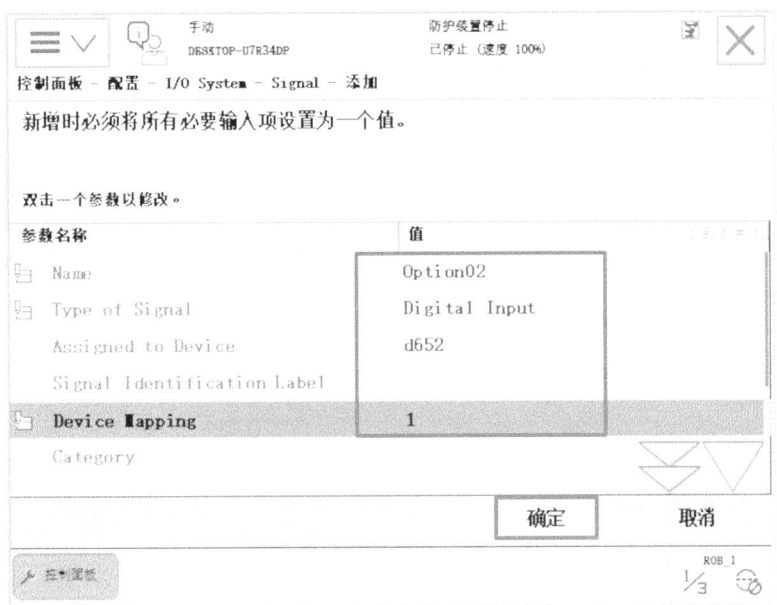

图 5-50 配置信号（4）

（3）编写涂胶笔的拿取和放置程序

程序编写步骤如下。

① 单击"文件"选择"新建例行程序…"（见图 5-51）。

图 5-51 新建例行程序

② 修改程序名称为"GetPen"并单击"确定"按钮（见图 5-52）。

图 5-52　修改例行程序名称

③ 编写机器人拿取涂胶笔程序（见图 5-53）。

图 5-53　编写拿取涂胶笔程序

④ 编写机器人放置涂胶笔程序（见图 5-54）。

图 5-54　编写机器人放置涂胶笔程序

（4）编写涂胶笔的控制程序

程序编写步骤如下。

① 单击"文件"选择"新建例行程序...."（见图 5-55）。

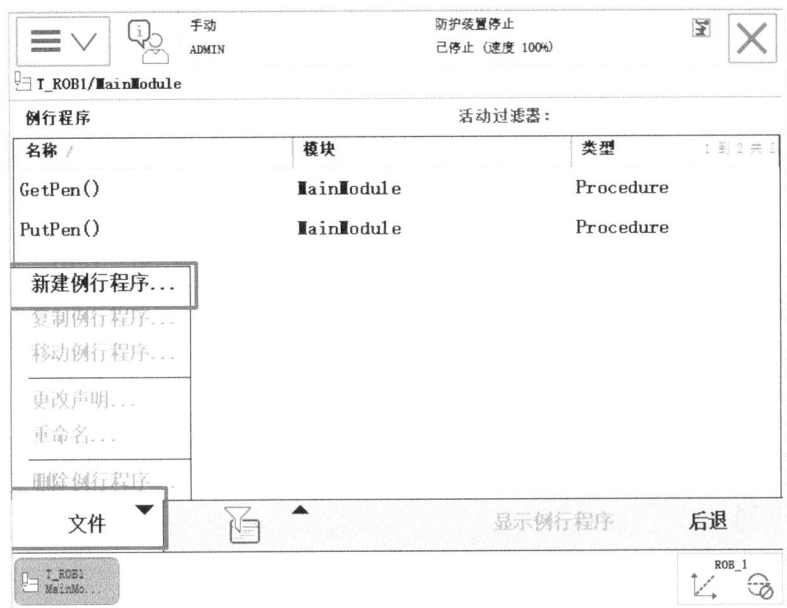

图 5-55　新建例行程序

② 修改例行程序名称为"MGluing1"并单击"确定"按钮（见图 5-56）。

图 5-56　修改例行程序名称

③ 单击右上角，单击机器人图标将TCP更换为我们创建的TCP"toolR1"（见图5-57）。

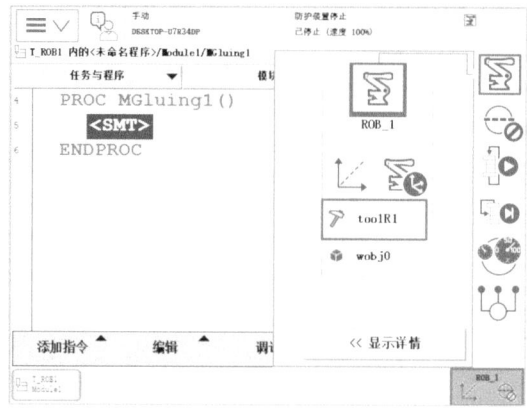

图5-57 切换工具坐标

④ 编写程序使机器人沿涂胶轨迹1（A—B—C）进行工作，定点提高轨迹距离涂胶板5mm（见图5-58）。

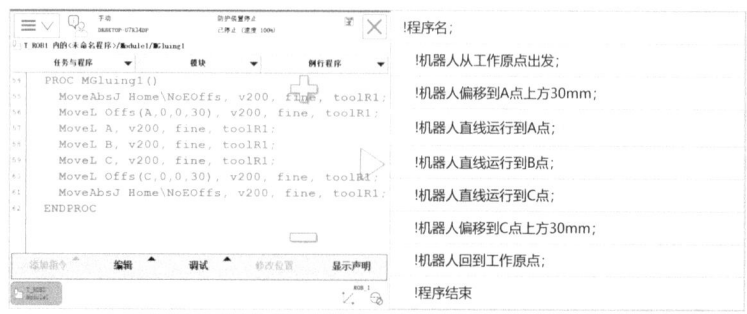

图5-58 编写运动轨迹（A—B—C）程序

⑤ 创建"MGluing2例行程序"，编写程序使机器人沿涂胶轨迹2（圆）进行工作，定点提高轨迹距离涂胶板5mm（见图5-59）。

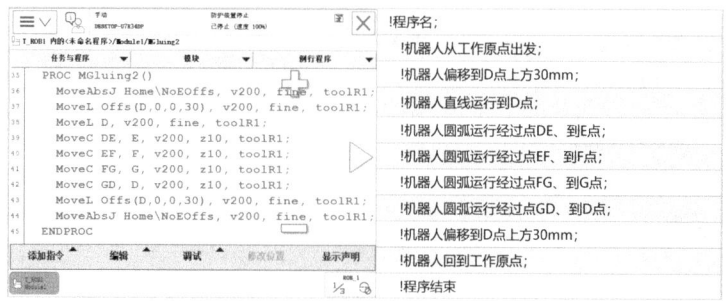

图5-59 编写运动轨迹（圆）程序

⑥ 创建"MGluing3 例行程序",编写程序使机器人沿涂胶轨迹 3(不规则路径)进行工作,定点提高轨迹距离涂胶板 5mm(见图 5-60、图 5-61)。

图 5-60 编写运动轨迹(不规则路径)程序(1)

图 5-61 编写运动轨迹(不规则路径)程序(2)

(5)编写涂胶工作主程序

编写程序步骤如下。

① 单击"文件"选择"新建例行程序..."(见图 5-62)。

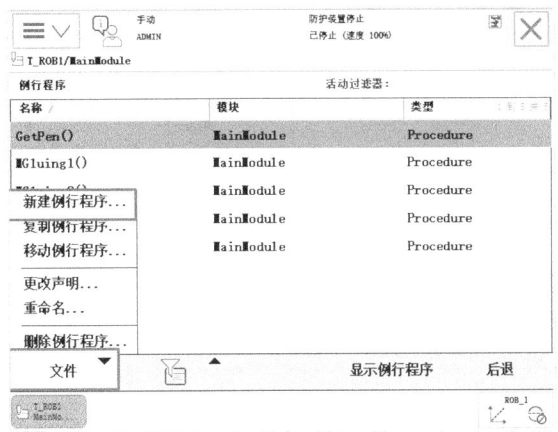

图 5-62 新建例行程序

② 修改程序名称为"main",然后单击"确定"按钮(见图5-63)。

图5-63 修改程序名称

③ 单击"添加指令"选择"IF"指令(见图5-64)。

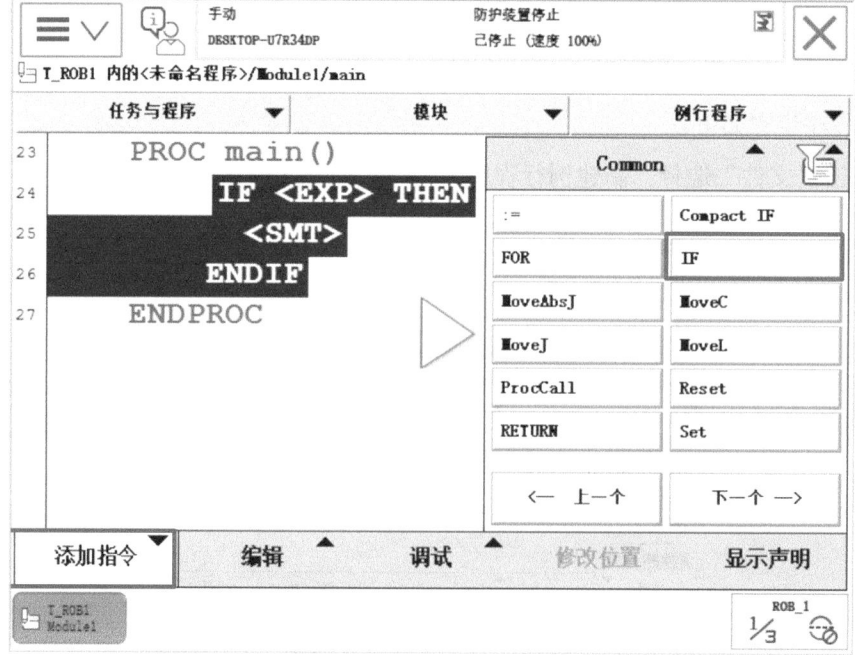

图5-64 添加指令(1)

④ 单击"<EXP>"后单击"编辑",然后"选择"ABC..."(见图 5-65)。

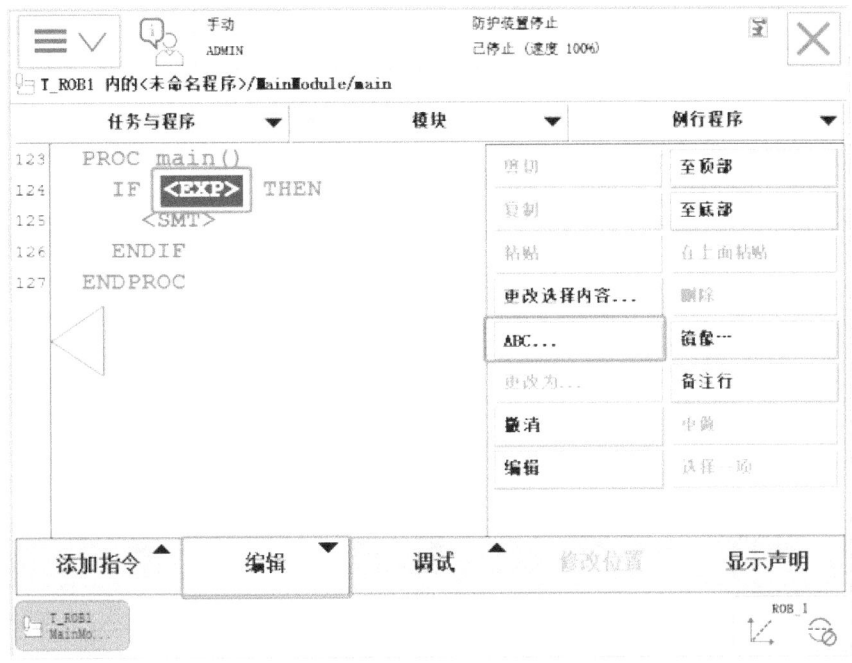

图 5-65 添加指令(2)

⑤ 输入"Option02=1"后,单击"确定"按钮(见图 5-66)。

图 5-66 编辑程序(1)

⑥ 单击"<SMT>"后单击"添加指令"选择"ProcCall"指令（见图5-67）。

图 5-67　编辑程序（2）

⑦ 按流程分别选择拿取涂胶笔工具、涂胶例行程序和放置涂胶笔工具，单击"确定"按钮（见图5-68）。

图 5-68　编辑程序（3）

⑧ 设定好的涂胶主程序如图 5-69 所示，并将机器人控制柜钥匙切换至自动模式。

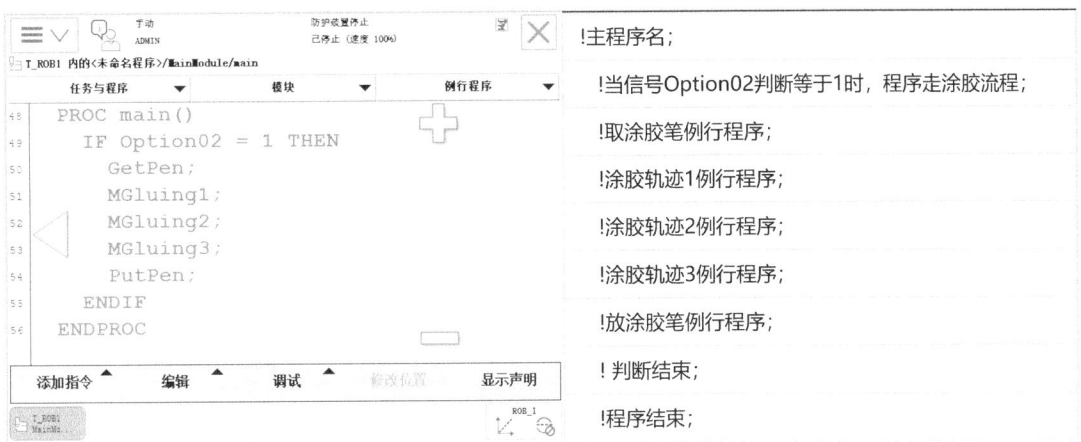

图 5-69　编写好的涂胶主程序页面

（6）触摸屏、PLC、机器人联调信号对应（见图 5-70）。

硬件设备	信号名称	对应硬件	信号名称	功能描述
触摸屏	M0.0	PLC	M0.0	触摸屏点击芯片装配按钮，PLC触点M0.0闭合接通Q12.0。
	M0.1		M0.1	触摸屏点击涂胶按钮，PLC触点M0.1闭合接通Q12.1。
PLC	Q12.0	机器人	Option01	Q12.0接通后，机器人信号Option01值置1。
	Q12.1		Option02	Q12.1接通后，机器人信号Option02值置1。

图 5-70　信号对应

任务二　产品的基础码垛

一、码垛工作站的机械安装

选用适当工具，根据码垛单元布局示意图（单位 mm）将码垛平台 A（斜面）和码垛平台 B（水平）固定在台面上（见图 5-71）。

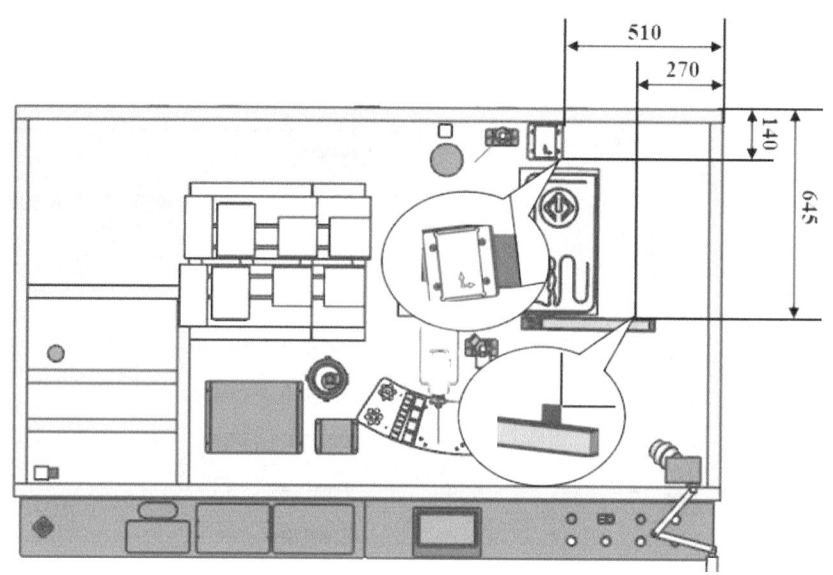

图 5-71 码垛单元布局示意图

二、周边设备的编程调试

编写并下载 PLC 及触摸屏程序，程序要实现在触摸屏上选择不同的按钮时，工业机器人执行不同的码垛方式。

（1）编写并下载触摸屏程序，触摸屏背景为工作站全景图片（桌面"技能考核"文件夹中提供），界面上包含"垛型 A"和"垛型 B"两个按钮，触摸屏界面布局如图 5-72 所示。

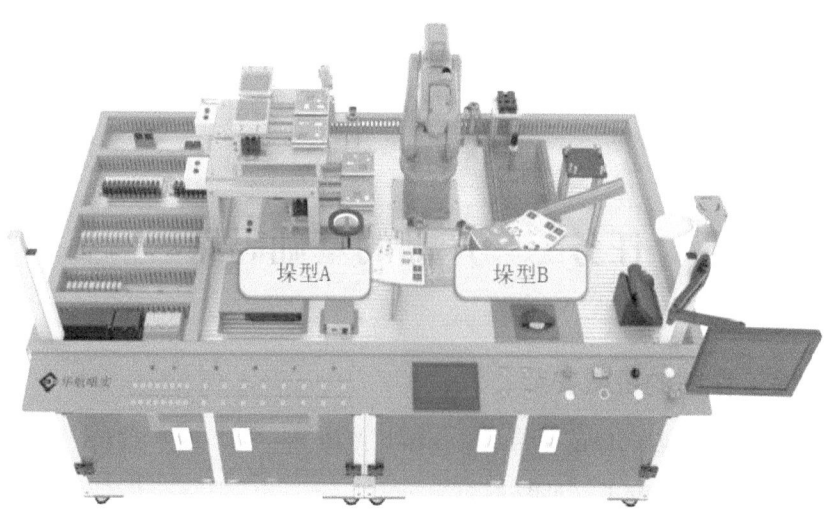

图 5-72 触膜屏界面布局

编写并下载触摸屏程序，步骤如下。

① 单击"EasyBuilder Pro"（见图 5-73）。

图 5-73　软件界面

② 单击"开新文件"（见图 5-74）。

图 5-74　创建新文件

③ 选择型号 TK8071iP（800×480）触摸屏，单击"确定"按钮（见图 5-75）。

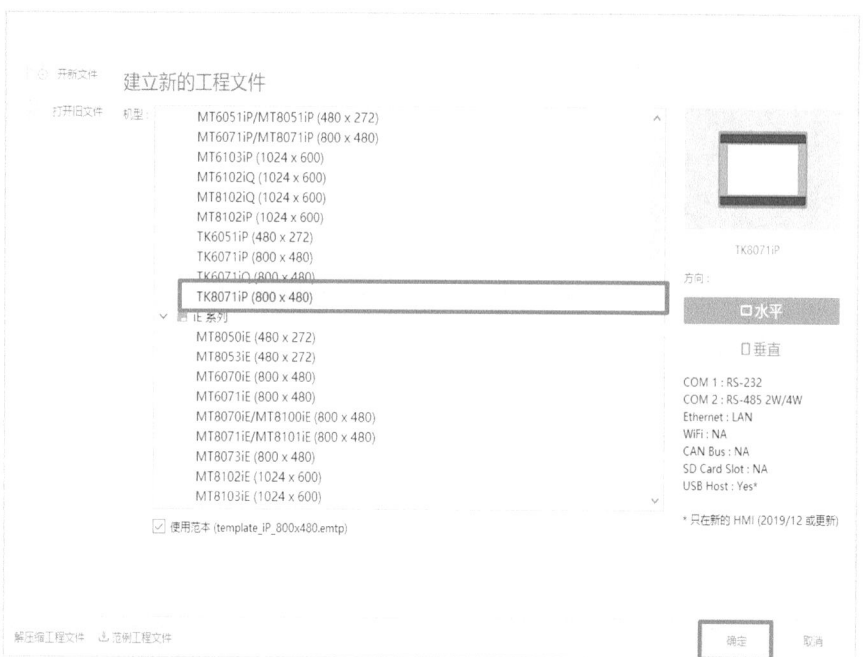

图 5-75　选择型号

④ 单击"新增设备 / 服务器 ..."（见图 5-76）。

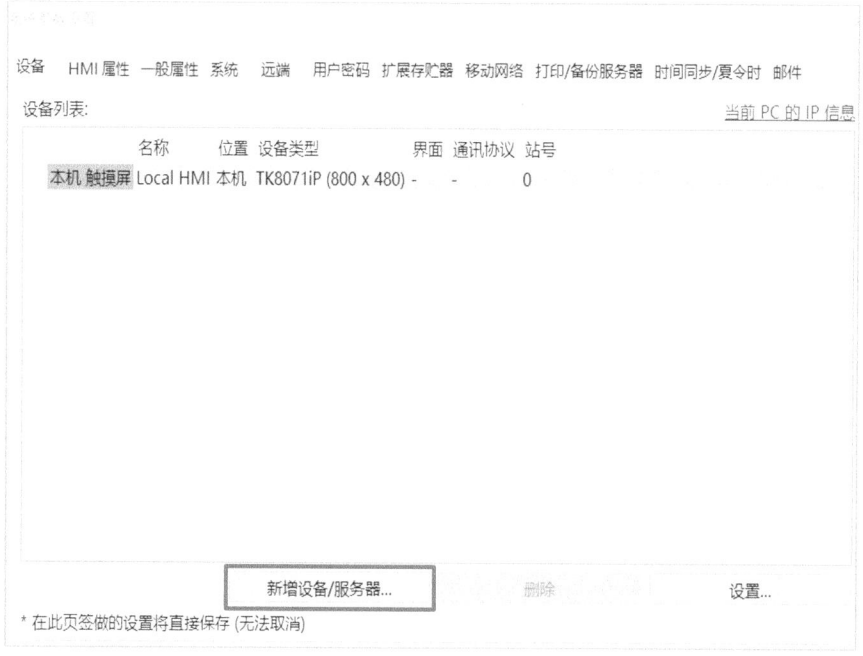

图 5-76　新增设备 / 服务器

⑤ 在"设备类型"选项框中选择"Siemens S7-200 SMART PPI"（见图 5-77）。

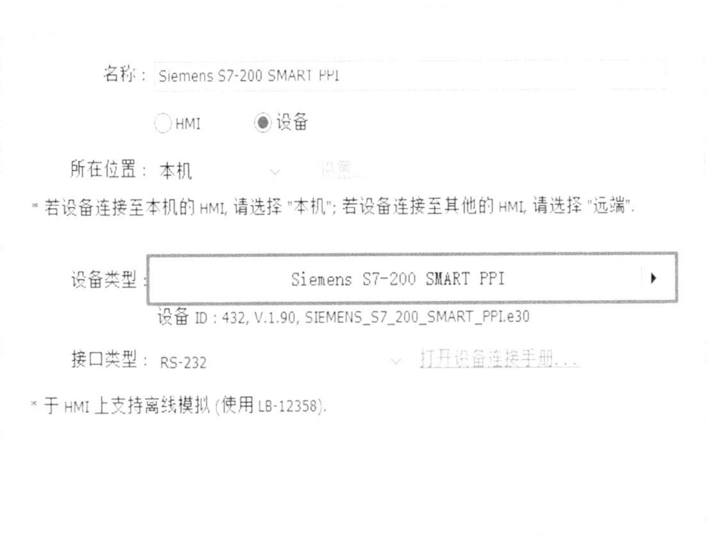

图 5-77 选择设备类型

⑥ 选择"Siemens AG"，然后单击"Siemens S7-200 SMART（Ethernet）"（见图 5-78）。

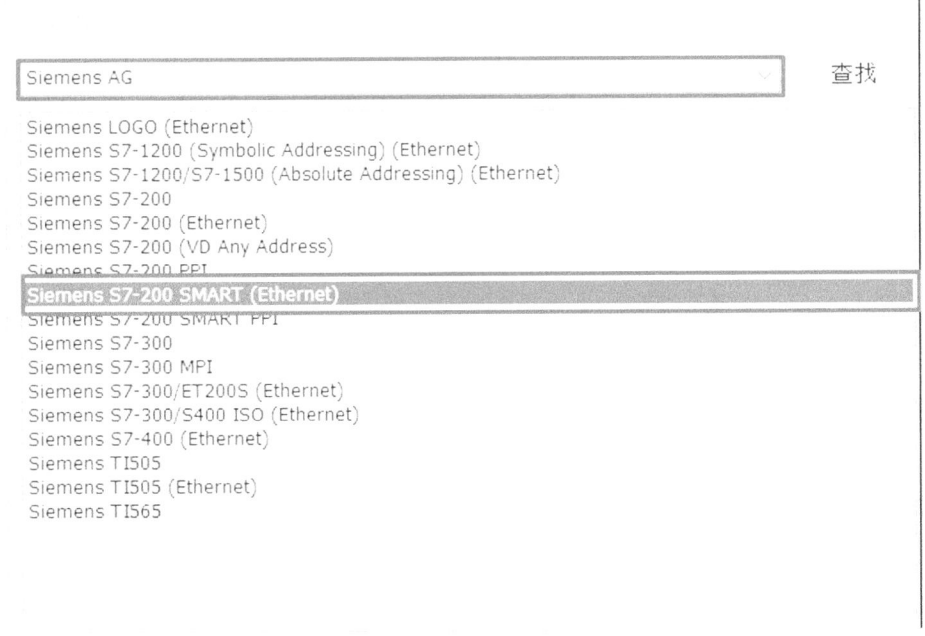

图 5-78 选择 PLC 型号

⑦ 单击"设置..."(见图 5-79)。

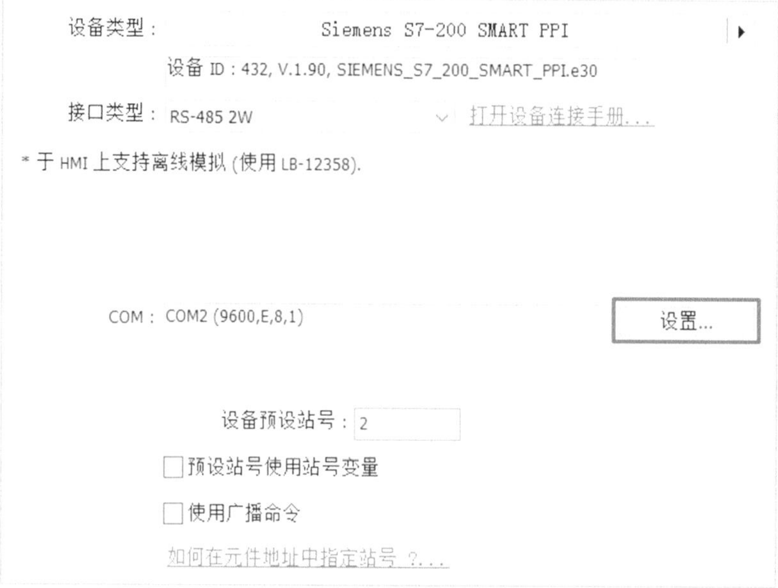

图 5-79 设置设备属性

⑧ 设置 IP 地址与 PLC 地址一致,单击"确定"按钮(见图 5-80)。

图 5-80 设置触膜屏地址

⑨ 单击"确定"按钮（见图 5-81）。

图 5-81　设备属性设置完成

⑩ 单击"确定"按钮（见图 5-82）。

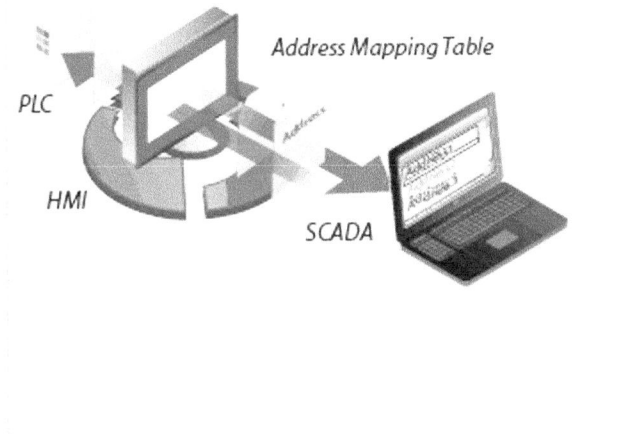

图 5-82　确认属性

⑪ 单击"图片"图标（见图 5-83）。

图 5-83 选择图片元件

⑫ 单击"图库..."（见图 5-84）。

图 5-84 选择图库

⑬ 单击"新增..."选择需要的图片,单击"确定"按钮(见图 5-85)。

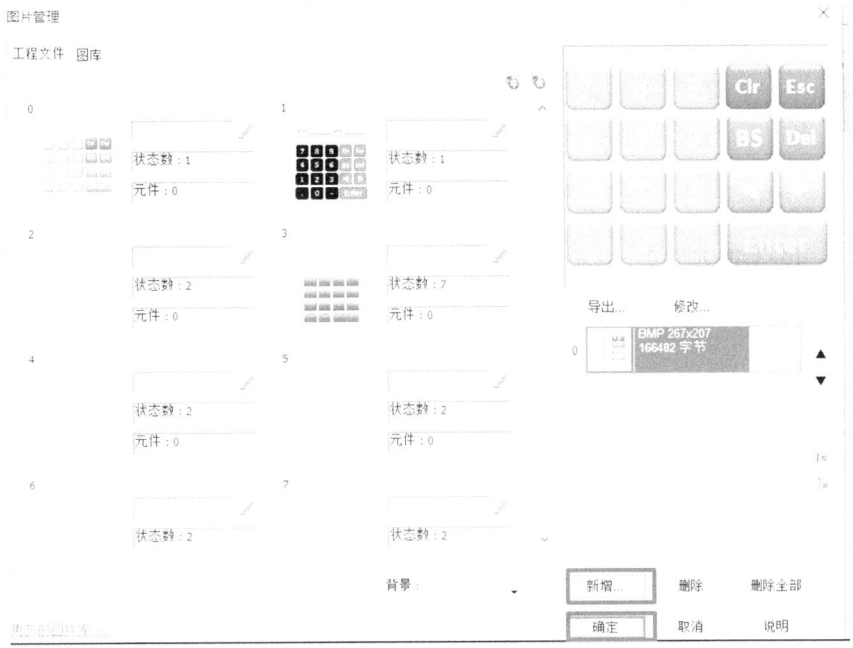

图 5-85 添加图片

⑭ 调整图片的大小(见图 5-86)。

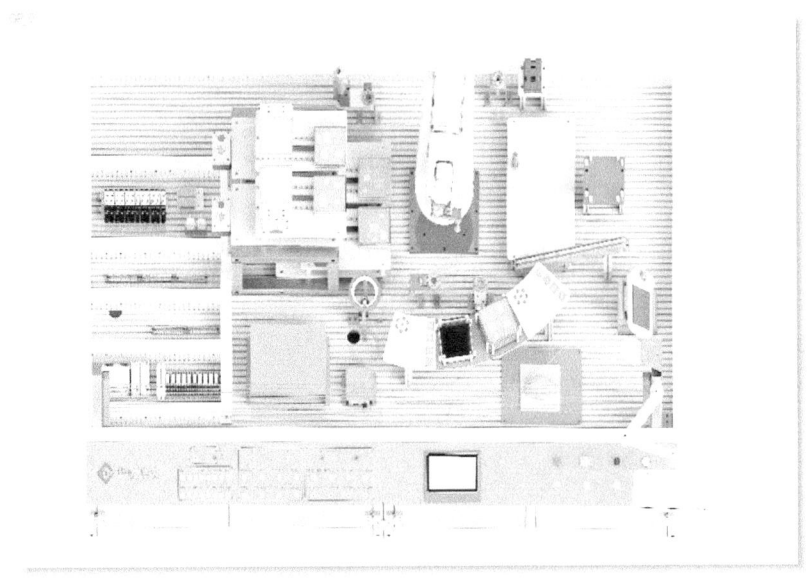

图 5-86 调整图片大小

⑮ 单击"位状态设置"元件（见图5-87）。

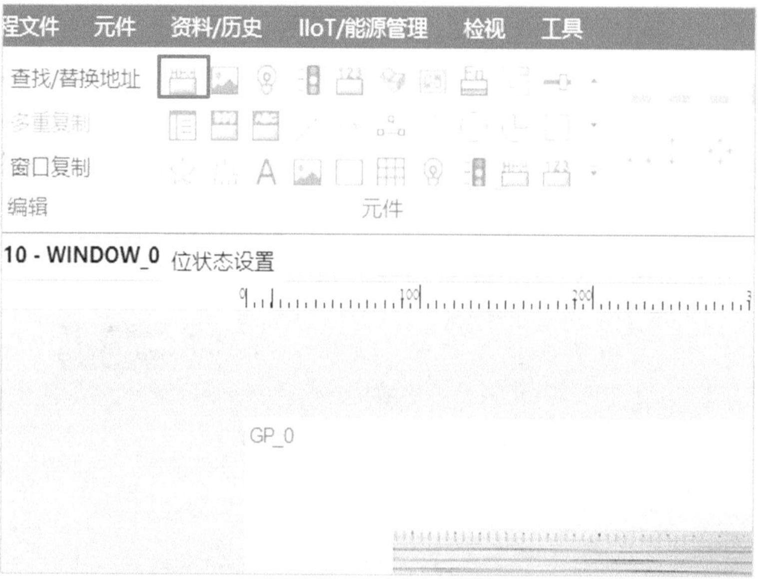

图 5-87　添加位状态设置元件

⑯ 在地址一栏中选择"M"并在后方输入"1.0"（见图5-88）。

图 5-88　位状态设置地址

⑰ 单击"开关类型"选择"复归型"（见图5-89）。

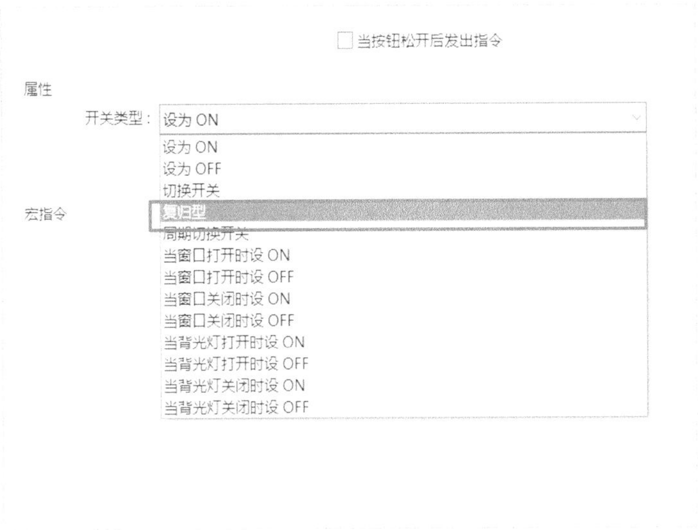

图 5-89　设置开关类型

⑱ 单击"标签"并勾选"使用文字标签"（见图5-90）。

图 5-90　设置文字标签

⑲ 在内容框中输入"码垛 A"（见图 5-91）。

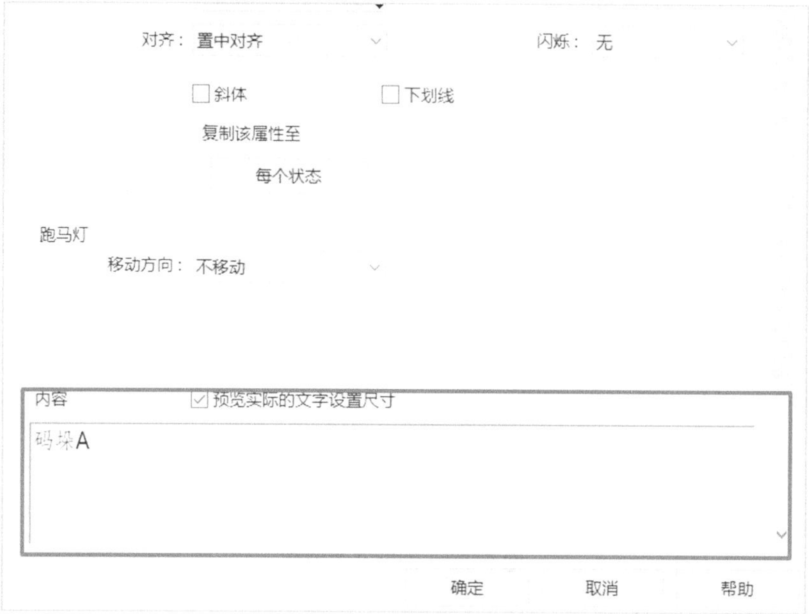

图 5-91　在内容框中输入文字

⑳ 单击"确定"按钮（见图 5-92）。

图 5-92　位状态设置元件属性

㉑ 调整码垛元件至合适的位置（见图 5-93）。

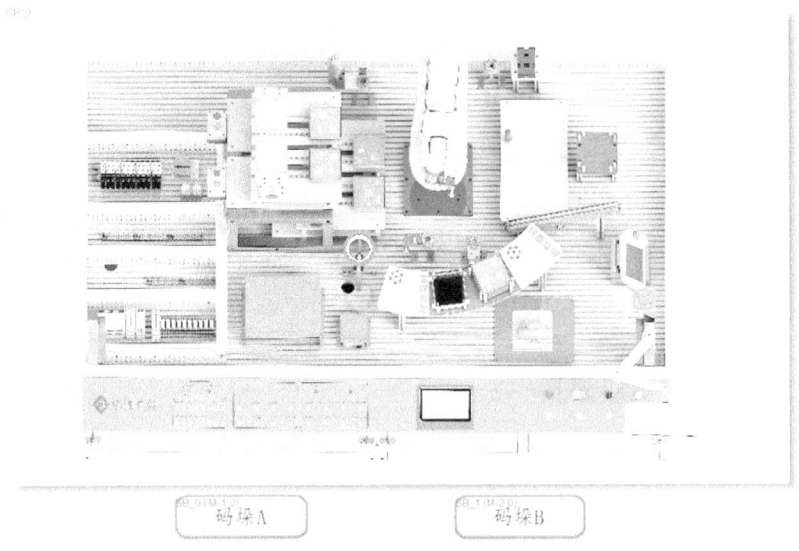

图 5-93　调整码垛元件位置

㉒ 单击触摸屏右下角箭头（见图 5-94）。

图 5-94　下载程序（1）

㉓ 输入密码，初始密码为"111111"（见图5-95）。

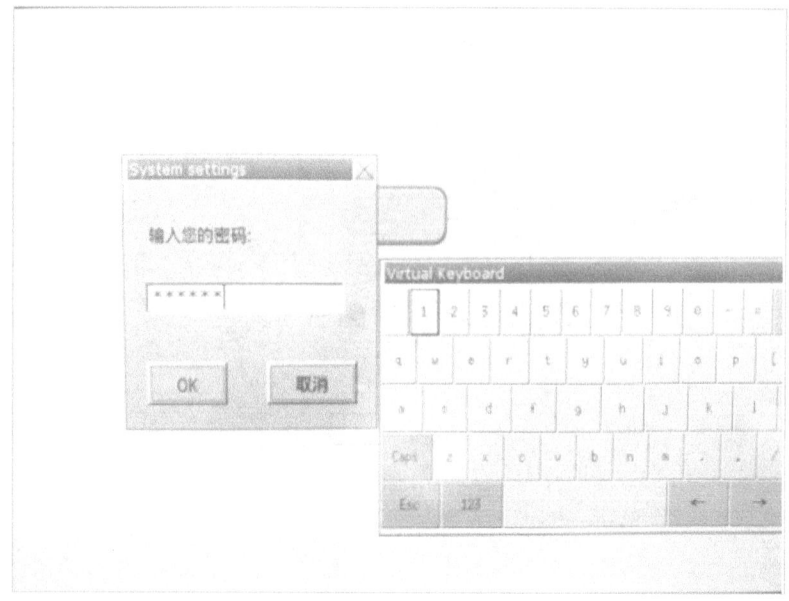

图 5-95　输入密码

㉔ 设置触摸屏 IP 地址（IP 地址根据个人实际情况修改），设置完后单击"OK"按钮（见图5-96）。

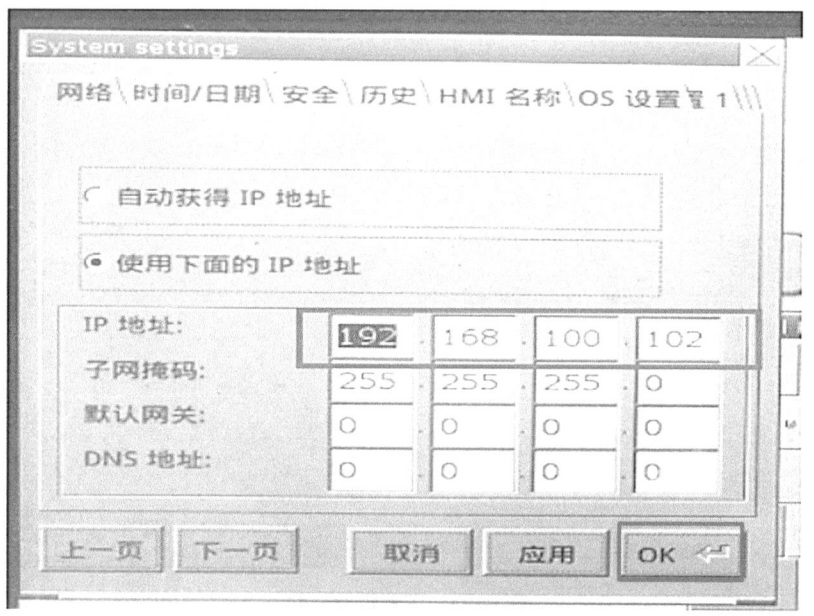

图 5-96　设置触膜屏 IP 地址

㉕ 通过网线将触摸屏与电脑端连接，打开电脑本地连接属性双击"Internet 协议版本 4（TCP/IPv4）"（见图 5-97）。

图 5-97 设置电脑本地 IP（1）

㉖ 设置 IP 地址网段与触摸屏一致，单击"确定"按钮（见图 5-98）。

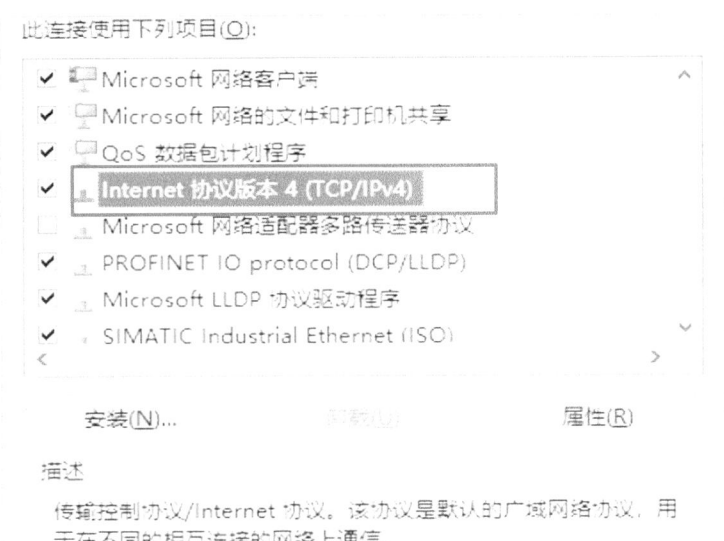

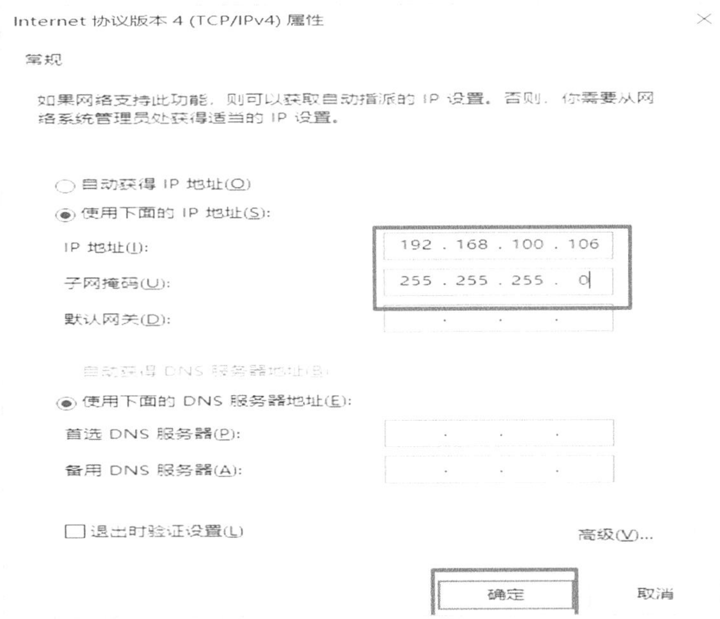

图 5-98 设置电脑本地 IP（2）

㉗单击"下载(PC->HMI)"将其下载至触摸屏(见图5-99)。

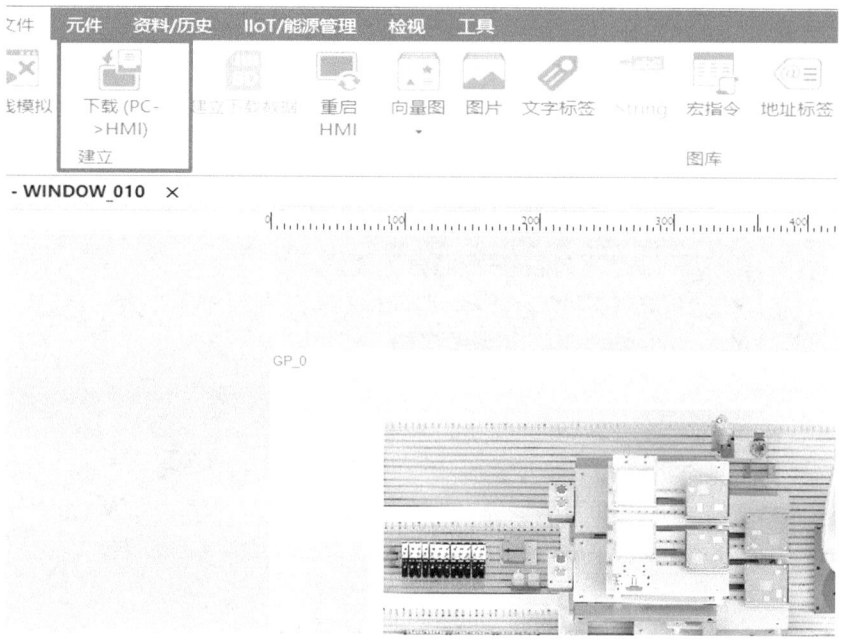

图5-99 下载程序(2)

㉘单击"编译",程序自动编译成功且没有错误后会自动弹出下载窗口(见图5-100)。

图5-100 编译程序

㉙单击"搜寻全部"单击触摸屏地址,单击下载(见图5-101)。

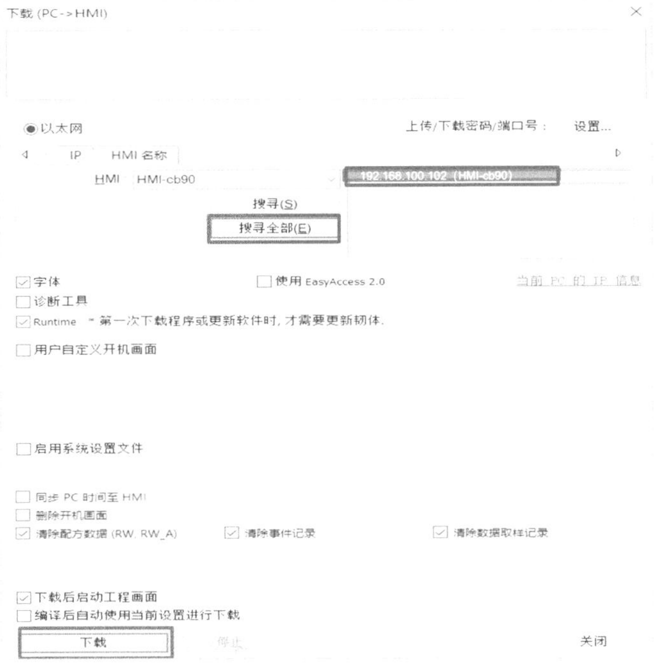

图5-101 下载程序(3)

(2)编写并下载PLC程序,程序应完成当按下"垛型A"按钮时,信号OptionA值为1,信号OptionB值为0,输出端Q12.0。当按下"垛型B"按钮时,信号OptionB值为1,信号OptionA值为0,输出端Q12.1。步骤如下。

① 双击"CPU ST60"(见图5-102)。

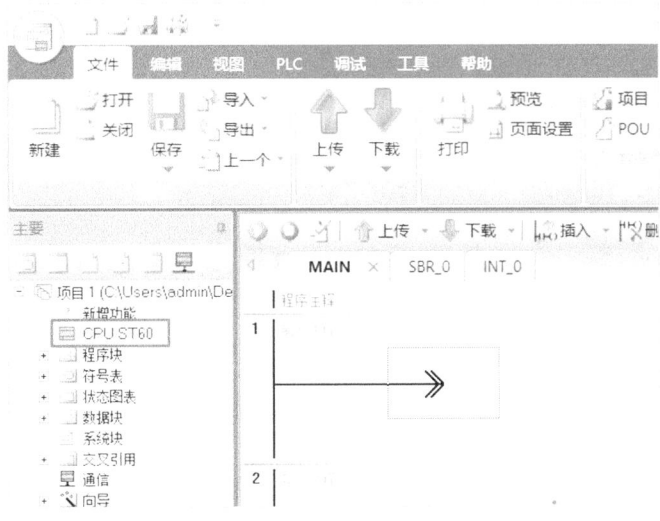

图5-102 设置CPU ST60

② 勾选选项，设置 PLC 地址与触摸屏同一网段（见图 5-103）。

图 5-103　设置 PLC IP 地址

③ 单击"EM 0"选择"EM DR08"（见图 5-104）。

图 5-104　添加拓展模块（1）

④ 单击"EM 1"添加拓展模块"EM DR16"（见图 5-105）。

图 5-105　添加拓展模块（2）

⑤ 单击"确定"按钮（见图 5-106）。

图 5-106　系统块界面

⑥ 编程程序输入信号"M1.0"中输入注释为触摸屏"垛型 A"按钮，在输出信号"Q12.0"中输入注释为工业机器人信号 OptionA；在输入信号"M2.0"中输入注释为触摸屏"垛型 B"按钮，在输出信号"Q12.1"中输入注释为工业机器人信号 OptionB（见图 5-107）。

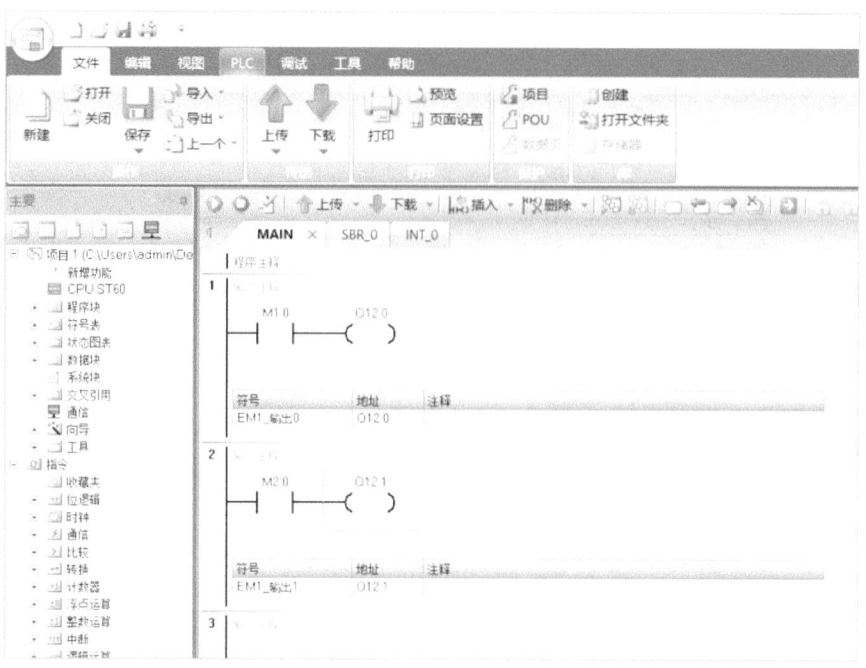

图 5-107　程序编辑界面

⑦ 单击"下载"后找到 PLC 连接，单击"查找 CPU"，单击"确定"按钮（见图 5-108）。

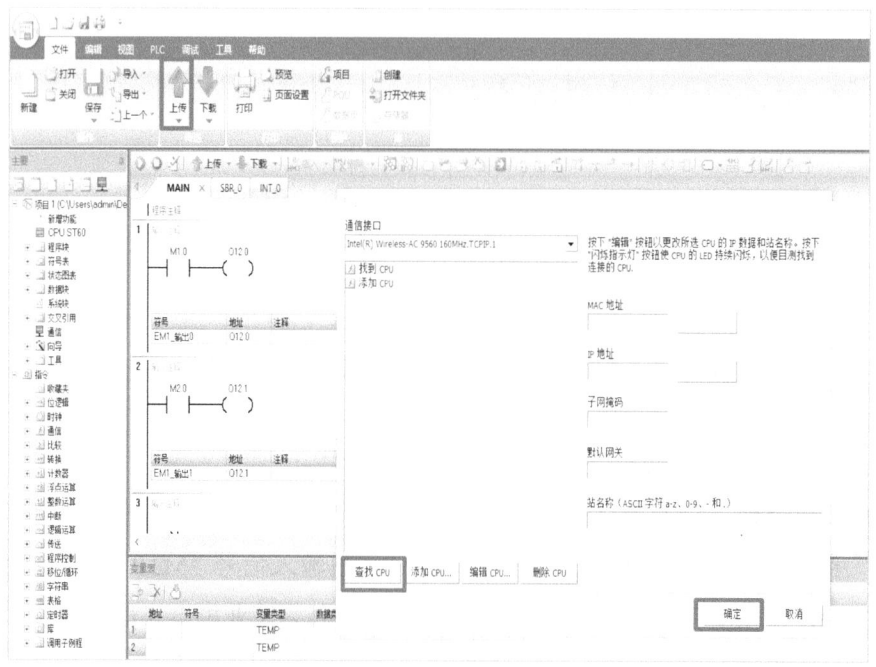

图 5-108　下载 PLC 程序

三、码垛程序的编程调试

（1）程序应实现工业机器人夹爪工具的自动抓取，当按下"垛型 A"按钮时，工业机器人使用夹爪工具，从物料块拾取位置抓取物料，按照垛型 A 的码垛方式进行码垛；当按下"垛型 B"按钮时，工业机器使用夹爪工具，从物料块拾取位置抓取物料，按照垛型 B 的码垛方式进行码垛；最后工业机器人释放夹爪工具（见图 5-109）。

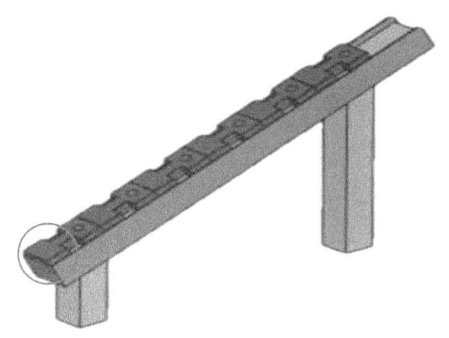

图 5-109　码垛平台 A 抓取位置

（2）利用现场提供的坐标系测量辅助工具（尖端工具），选用"TCP 和 Z，X"方法，对夹爪工具进行工具坐标系测量。夹爪工具 X、Z 轴方向如图 5-110 所示。要求坐标系名称为 Tool_Grip，工具质量为 1.0kg，重心位置为（-40，0，55），测量误差不大于 1mm。

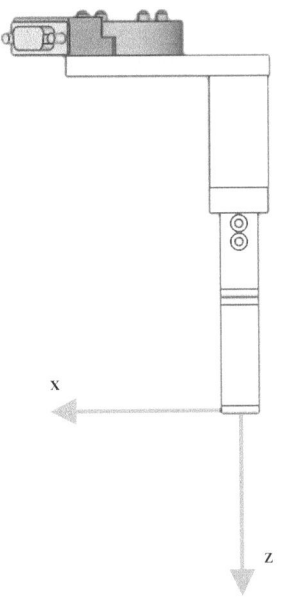

图 5-110　夹爪工具及其坐标系方向示意

（3）新建程序模块"KH"，并在程序模块中创建主程序 main、自动抓取夹爪工具程序 GetTool、自动释放夹爪工具程序 PutTool、垛型 A 搬运程序 PackA、垛型 B 搬运程序 PackB（见图 5-111）。

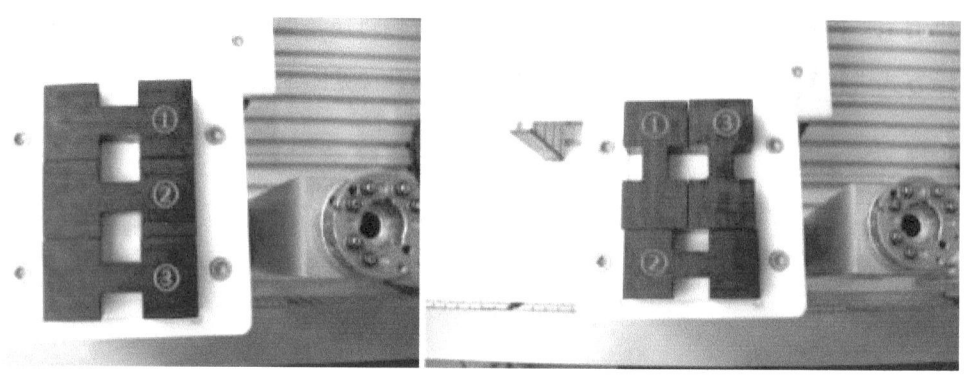

图 5-111 码垛垛型

（4）信号配置。

信号参数如图 5-122 所示。

硬件设备	地址	名称	功能描述	对应设备
DSQC652	10	d652	挂载到DeviceNet网络下	标准I/O板
工业机器人输出信号				
DSQC652	7	QuickChange	控制快换装置信号（快换装置为卸载状态时值为1；快换装置为装载状态时值为0)	快换装置
DSQC652	4	Grip	切换夹爪工具夹、放状态的信号（夹爪工具夹工件时值为1；夹爪工具放工件时值为0）	夹爪工具
工业机器人输入信号				
DSQC652	0	OptionA	流程选择信号。值为1时，表示选择码垛A型	PLC输出端Q12.0
DSQC652	1	OptionB	流程选择信号。值为1时，表示选择码垛B型	PLC输出端Q12.1

图 5-112 信号参数

（5）编写码垛程序及控制程序。

步骤如下。

① 单击"文件"选择"新建例行程序..."（见图 5-113）。

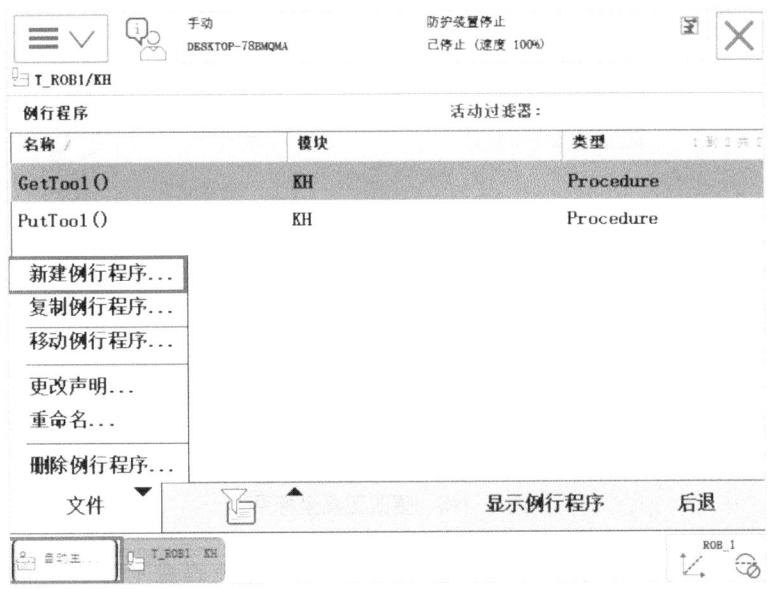

图 5-113 新建例行程序

② 修改程序名称为"PackA",单击"确定"按钮(见图 5-114)。

图 5-114 修改程序名称

③ 单击右下角,再单击机器人图标将 TCP 更换为我们创建的 TCP "toolR1"(见图 5-115)。

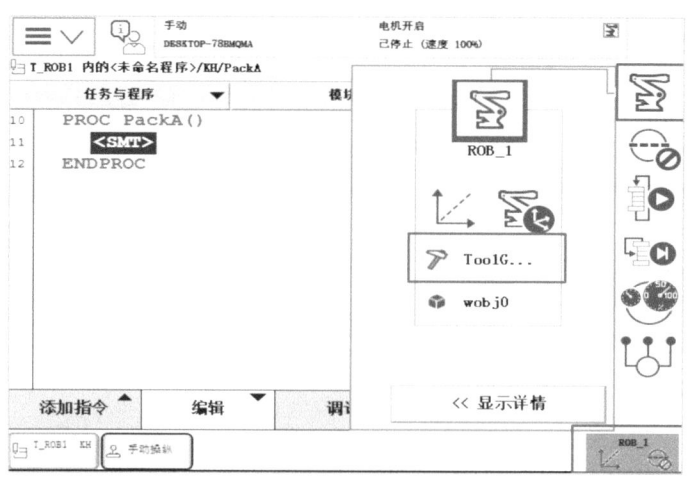

图 5-115　更改工具坐标系

④ 编辑程序使机器人从码垛平台 A 抓取码垛并放置在码垛平台 B 的自定义点位 A1（见图 5-116）。

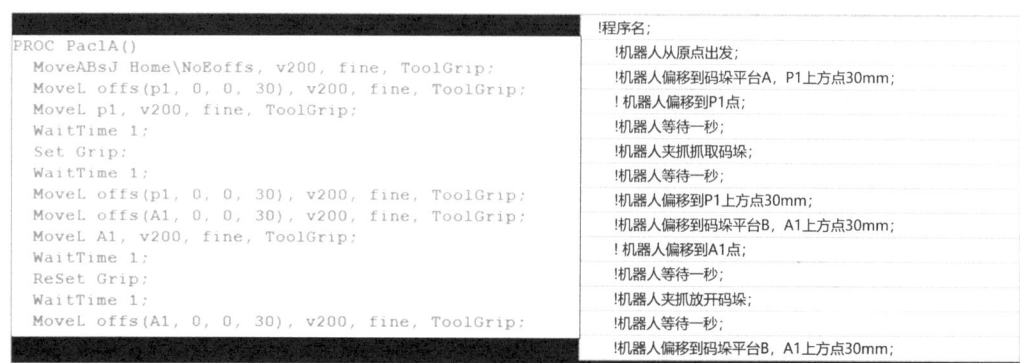

图 5-116　码垛 A 型轨迹 A1

⑤ 编辑程序使机器人从码垛平台 A 抓取码垛并放置在码垛平台 B 的自定义点位 A2（见图 5-117）。

图 5-117　码垛 A 型轨迹 A2

⑥ 编辑程序使机器人从码垛平台 A 抓取码垛并放置在码垛平台 B 的自定义点位 A3（见图 5-118）。

```
MoveL offs(p1, 0, 0, 30), v200, fine, ToolGrip;    !机器人偏移到码垛平台A，P1上方点30mm;
MoveL p1, v200, fine, ToolGrip;                     !机器人偏移到P1点;
WaitTime 1;                                         !机器人等待一秒;
Set Grip;                                           !机器人夹抓抓取码垛;
WaitTime 1;                                         !机器人等待一秒;
MoveL offs(p1, 0, 0, 30), v200, fine, ToolGrip;    !机器人偏移到P1上方点30mm;
MoveL offs(A3, 0, 0, 30), v200, fine, ToolGrip;    !机器人偏移到码垛平台B，A3上方点30mm;
MoveL A3, v200, fine, ToolGrip;                    !机器人偏移到A3点;
WaitTime 1;                                         !机器人等待一秒;
ReSet Grip;                                         !机器人夹抓放开码垛;
WaitTime 1;                                         !机器人等待一秒;
MoveL offs(A3, 0, 0, 30), v200, fine, ToolGrip;    !机器人偏移到码垛平台B，A3上方点30mm;
MoveAbsJ Home\NoEoffs, v200, fine, ToolGrip;       !机器人回到原点;
ENDPROC
```

图 5-118 码垛 A 型轨迹 A3

⑦ 设定程序"PaclB"；编辑程序使机器人从码垛平台 A 抓取码垛并放置在码垛平台 B 的自定义点位 B1（见图 5-119）。

```
                                                    !程序名;
PROC PaclB()
MoveABsJ Home\NoEoffs, v200, fine, ToolGrip;       !机器人从原点出发;
MoveL offs(p1, 0, 0, 30), v200, fine, ToolGrip;    !机器人偏移到码垛平台A，P1上方点30mm;
MoveL p1, v200, fine, ToolGrip;                     !机器人偏移到P1点;
WaitTime 1;                                         !机器人等待一秒;
Set Grip;                                           !机器人夹抓抓取码垛;
WaitTime 1;                                         !机器人等待一秒;
MoveL offs(p1, 0, 0, 30), v200, fine, ToolGrip;    !机器人偏移到P1上方点30mm;
MoveL offs(B1, 0, 0, 30), v200, fine, ToolGrip;    !机器人偏移到码垛平台B，B1上方点30mm;
MoveL B1, v200, fine, ToolGrip;                    !机器人偏移到B1点;
WaitTime 1;                                         !机器人等待一秒;
ReSet Grip;                                         !机器人夹抓放开码垛;
WaitTime 1;                                         !机器人等待一秒;
MoveL offs(B1, 0, 0, 30), v200, fine, ToolGrip;    !机器人偏移到码垛平台B，B1上方点30mm;
```

图 5-119 码垛 B 型轨迹 B1

⑧ 编辑程序使机器人从码垛平台 A 抓取码垛并放置在码垛平台 B 的自定义点位 B2（见图 5-120）。

```
MoveL offs(p1, 0, 0, 30), v200, fine, ToolGrip;    !机器人偏移到码垛平台A，P1上方点30mm;
MoveL p1, v200, fine, ToolGrip;                     !机器人偏移到P1点;
WaitTime 1;                                         !机器人等待一秒;
Set Grip;                                           !机器人夹抓抓取码垛;
WaitTime 1;                                         !机器人等待一秒;
MoveL offs(p1, 0, 0, 30), v200, fine, ToolGrip;    !机器人偏移到P1上方点30mm;
MoveL offs(B2, 0, 0, 30), v200, fine, ToolGrip;    !机器人偏移到码垛平台B，B2上方点30mm;
MoveL B2, v200, fine, ToolGrip;                    !机器人偏移到B2点;
WaitTime 1;                                         !机器人等待一秒;
ReSet Grip;                                         !机器人夹抓放开码垛;
WaitTime 1;                                         !机器人等待一秒;
MoveL offs(B2, 0, 0, 30), v200, fine, ToolGrip;    !机器人偏移到码垛平台B，B2上方点30mm;
```

图 5-120 码垛 B 型轨迹 B2

⑨ 编辑程序使机器人从码垛平台 A 抓取码垛并放置在码垛平台 B 的自定义点位 B3（见图 5-121）。

```
MoveL offs(p1, 0, 0, 30), v200, fine, ToolGrip;    !机器人偏移到码垛平台A，P1上方点30mm;
MoveL p1, v200, fine, ToolGrip;                     !机器人偏移到P1点;
WaitTime 1;                                         !机器人等待一秒;
Set Grip;                                           !机器人夹抓抓取码垛;
WaitTime 1;                                         !机器人等待一秒;
MoveL offs(p1, 0, 0, 30), v200, fine, ToolGrip;    !机器人偏移到P1上方点30mm;
MoveL offs(B3, 0, 0, 30), v200, fine, ToolGrip;    !机器人偏移到码垛平台B，B3上方点30mm;
MoveL B3, v200, fine, ToolGrip;                     !机器偏移到B3点;
WaitTime 1;                                         !机器人等待一秒;
ReSet Grip;                                         !机器人夹抓放开码垛;
WaitTime 1;                                         !机器人等待一秒;
MoveL offs(B3, 0, 0, 30), v200, fine, ToolGrip;    !机器人偏移到码垛平台B，B3上方点30mm;
MoveABsJ Home\NoEoffs, v200, fine, ToolGrip;        !机器人回到原点;
ENDPROC
```

图 5-121 码垛 B 型轨迹 B3

⑩ 单击"文件"选择"新建例行程序…"（见图 5-122）。

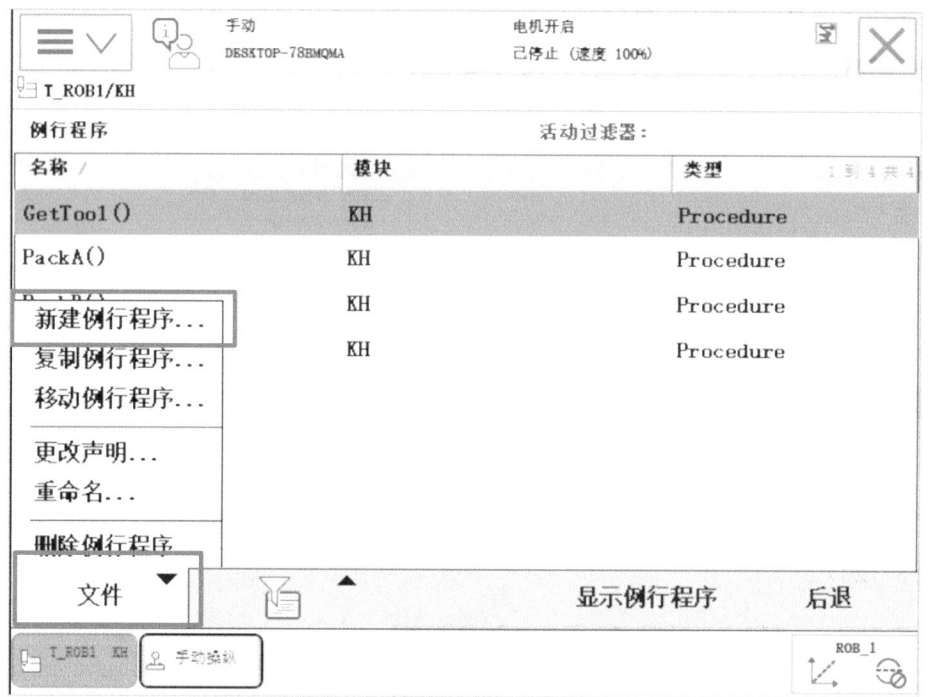

图 5-122 新建例行程序

⑪ 修改程序名称，创建主程序"main"并单击"确定"按钮（见图 5-123）。

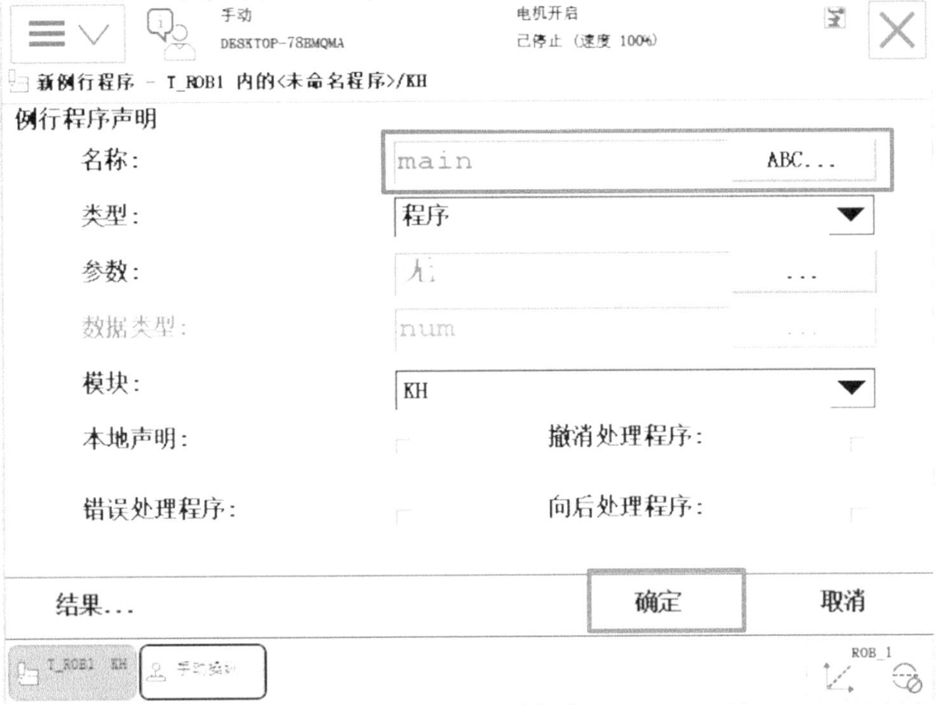

图 5-123 创建主程序名称

⑫ 码垛主程序具体内容如图 5-124 所示。

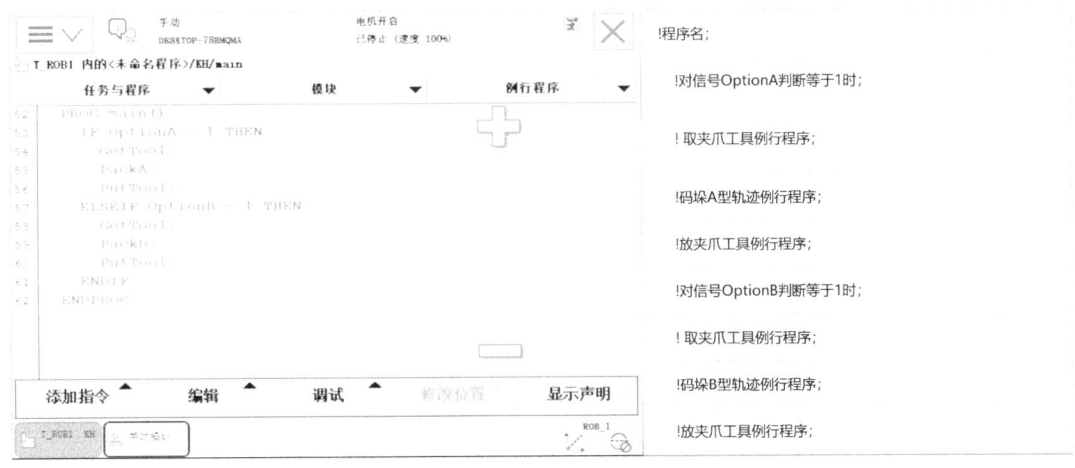

图 5-124 码垛主程序界面

（6）触摸屏、PLC、机器人联调信号对应（见图 5-125）。

155

硬件设备	信号名称	对应硬件	信号名称	功能描述
触摸屏	M1.0	PLC	M1.0	触摸屏点击芯片装配按钮，PLC触点M0.0闭合接通Q12.0
	M2.0		M2.0	触摸屏点击涂胶按钮，PLC触点M0.1闭合接通Q12.1
PLC	Q12.0	机器人	OptionA	Q12.0接通后，机器人信号OptionA值置1
	Q12.1		OptionB	Q12.1接通后，机器人信号OptionB值置1

图 5-125　信号对应

任务三　产品异形芯片的简单装配工艺

一、分拣工作站周边设备编程调试

编写、下载并调试触摸屏程序及 PLC 控制程序，实现可以在触摸屏上选择工业机器人要执行的工艺流程。

下载触摸屏程序，触摸屏背景为工作站全景图片，界面上包含"工位 1"和"工位 2"两个按钮（见图 5-126）。

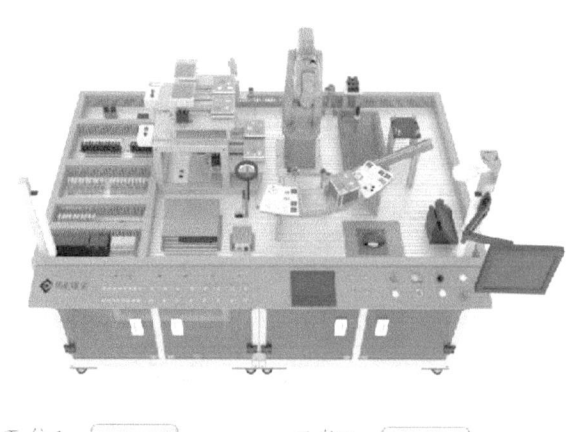

图 5-126　触膜屏界面布局

1. 新建程序模块"KH",并在程序模块中创建主程序 main、自动抓取吸盘工具程序 GetTool、自动释放吸盘工具程序 PutTool、工位 1 芯片搬运程序 MGetChip01、工位 2 芯片搬运程序 MGetChip02。

2. 编写程序时,工业机器人均需从工作原点 Home 点出发,执行完相应的动作后返回工作原点 Home 点。

3. 编写主程序 main,实现工业机器人自动抓取吸盘工具,当按下"工位 1"按钮时,工业机器人使用吸盘工具,从小到大的编号依次抓取芯片原料盘的芯片,将芯片放置到电路板上的编号为 1、2、3 的芯片槽中;当按下"工位 2"按钮时,工业机器人使用吸盘工具,从大到小的编号依次抓取芯片原料盘的芯片,将芯片放置到电路板上的编号为 1、2、3 的芯片槽中(见图 5-127)。

图 5-127 电路板示意图

(1)编写并下载触摸屏程序,步骤如下。

① 单击"EasyBuilder Pro"(见图 5-128)。

图 5-128 软件界面

② 单击"开新文件"（见图 5-129）。

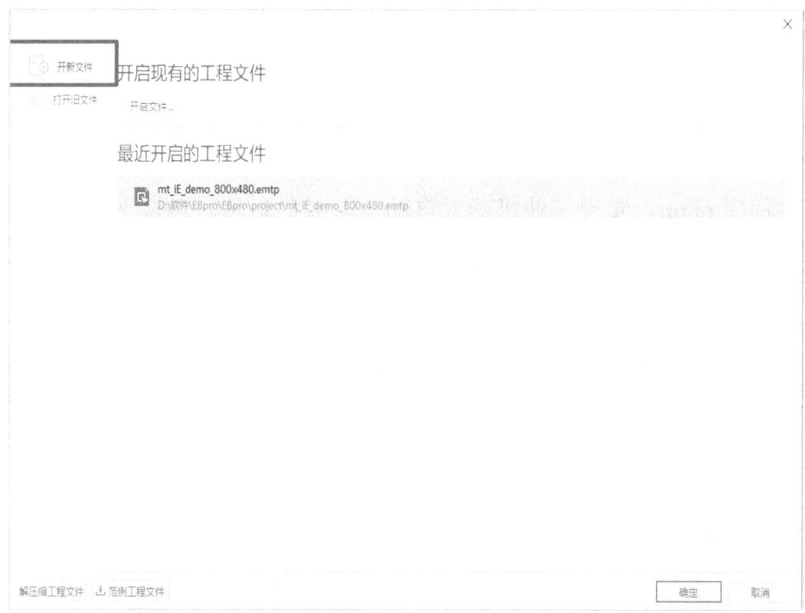

图 5-129　创建新文件

③ 选择型号 TK8071iP(800×480) 触摸屏后，单击"确定"按钮（见图 5-130）。

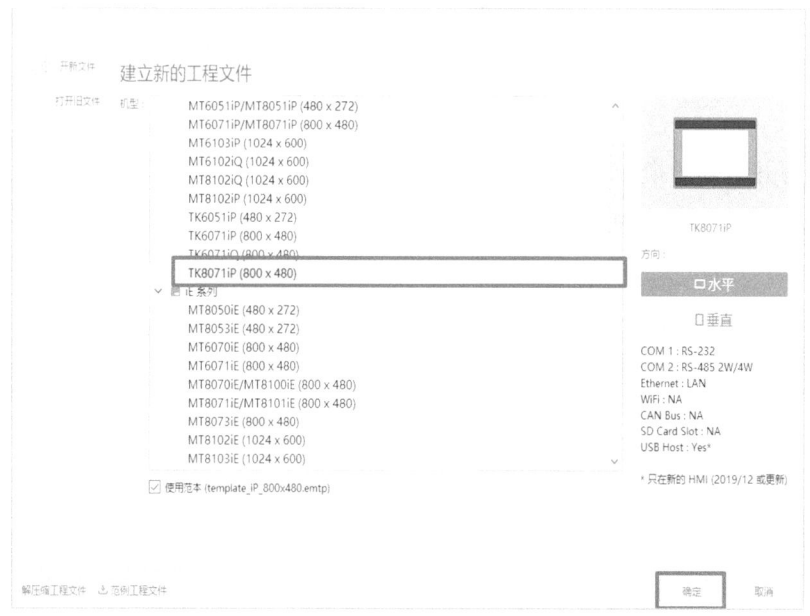

图 5-130　选择型号

④ 单击"新增设备 / 服务器 ...."（见图 5-131）。

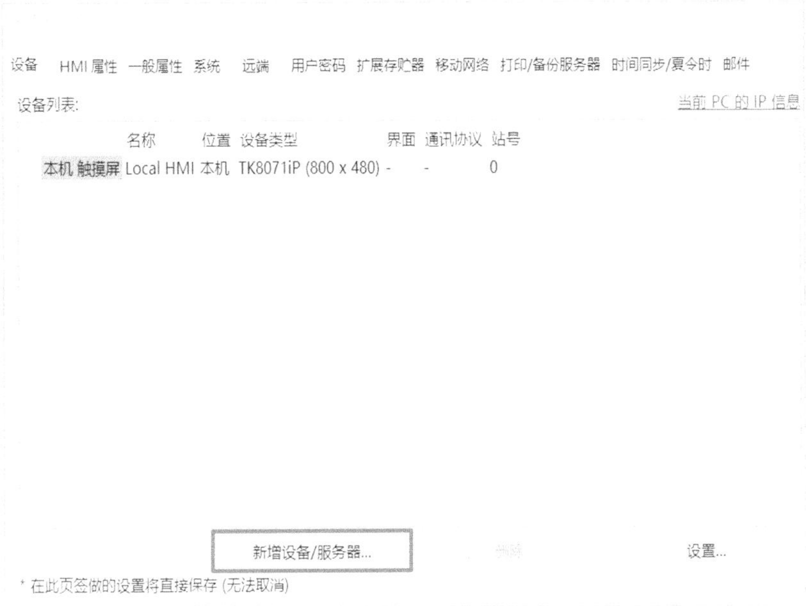

图 5-131　新增设备/服务器

⑤ 单击"设备类型"(见图 5-132)。

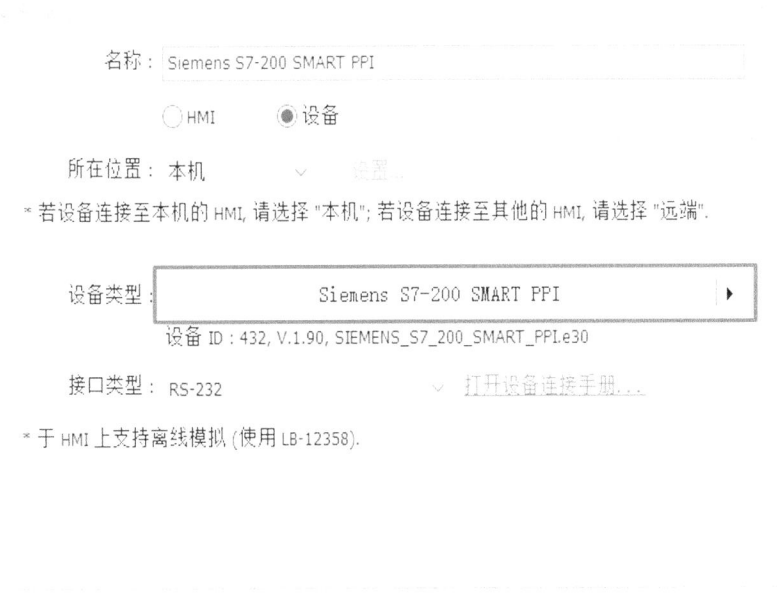

图 5-132　选择设备类型

⑥ 选择"Siemens AG"后单击"Siemens S7-200 SMART（Ethernet）"(见图 5-133)。

图 5-133　选择 PLC 型号

⑦ 单击"设置..."（见图 5-134）。

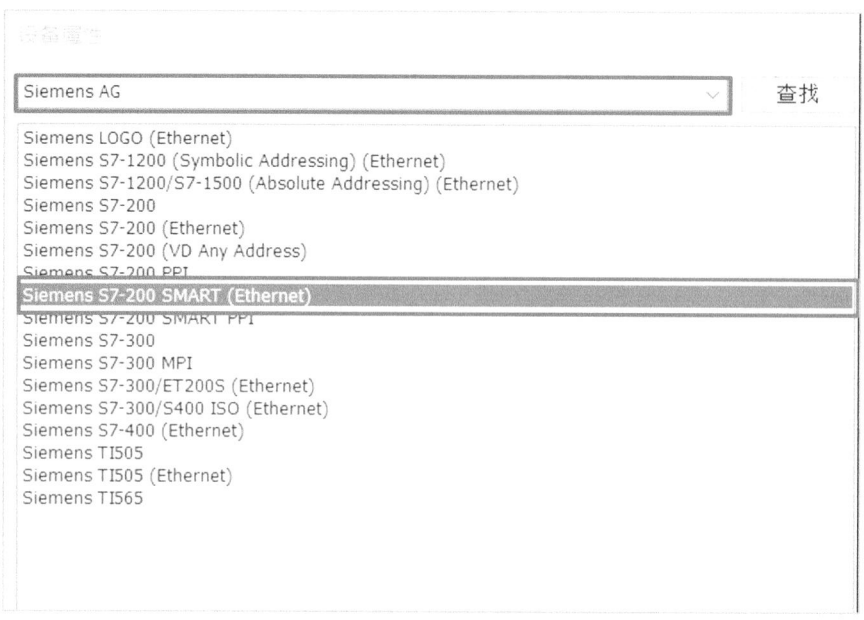

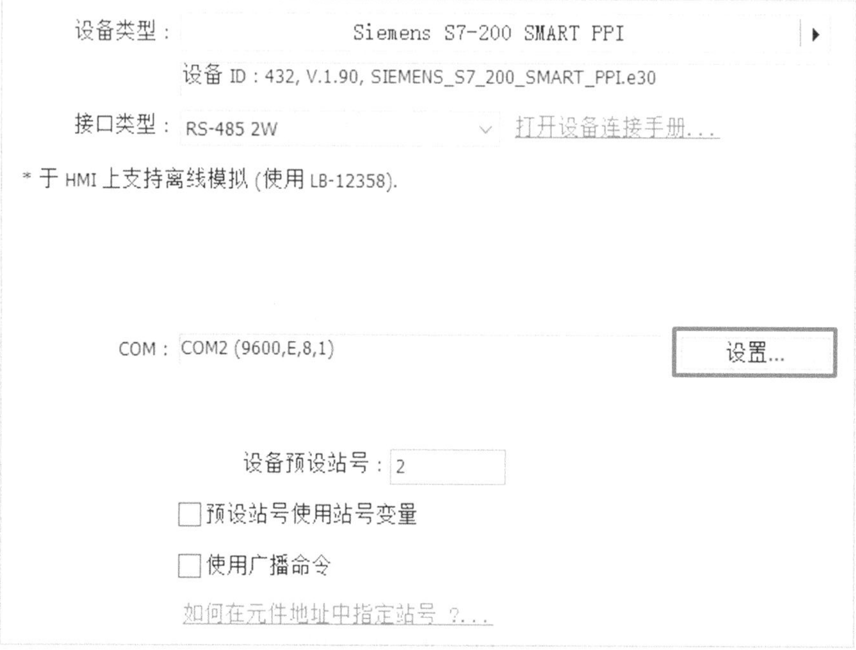

图 5-134　设备属性设置

⑧ 设置 IP 地址与 PLC 地址一致，单击"确定"按钮（见图 5-135）。

图 5-135 设置触摸屏 IP 地址

⑨ 单击"确定"按钮（见图 5-136）。

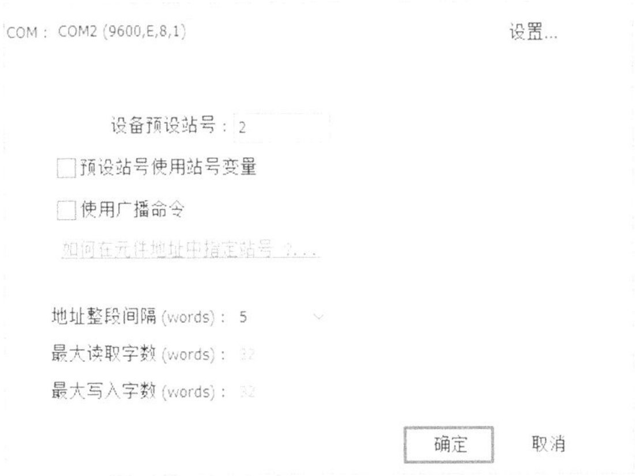

图 5-136 设备属性设置完成

⑩ 单击"确定"按钮（见图 5-137）。

图 5-137 确认设备属性

⑪ 单击"图片"元件（见图 5-138）。

图 5-138 选择图片元件

⑫ 单击"图库..."（见图 5-139）。

图 5-139 选择图库

⑬ 单击"新增"选择需要的图片,单击"确定"按钮(见图 5-140)。

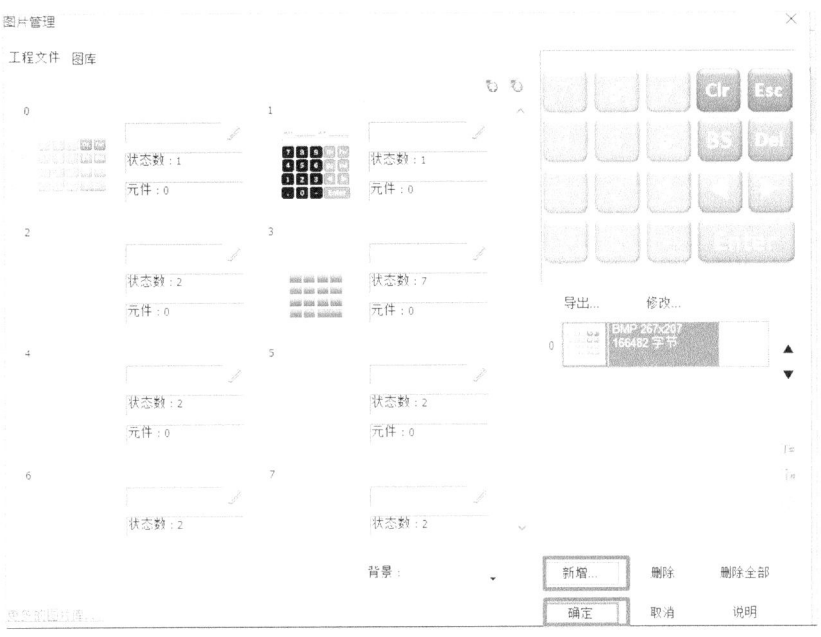

图 5-140 添加图片

⑭ 调整图片的大小(见图 5-141)。

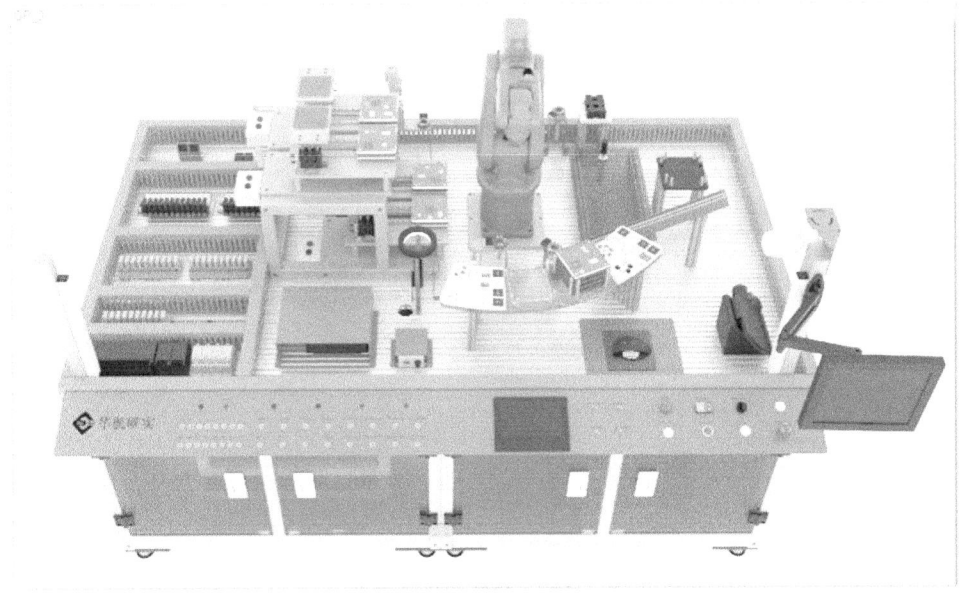

图 5-141 调整图片大小

⑮ 单击"位状态设置"元件（见图5-142）。

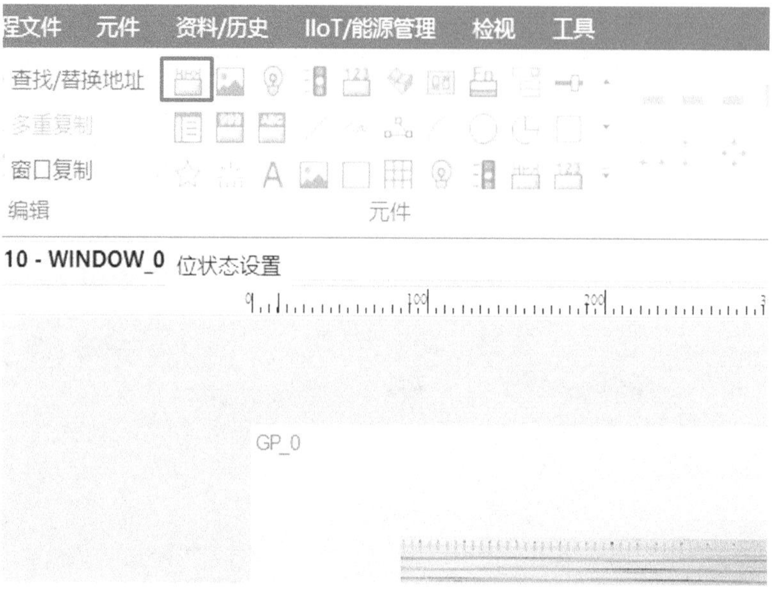

图 5-142　添加位状态设置元件

⑯ 单击"地址"选择为"M"，在后方输入地址"1.0"（见图5-143）。

图 5-143　位状态设置地址

⑰ 单击"开关类型"选择"复归型"（见图 5-144）。

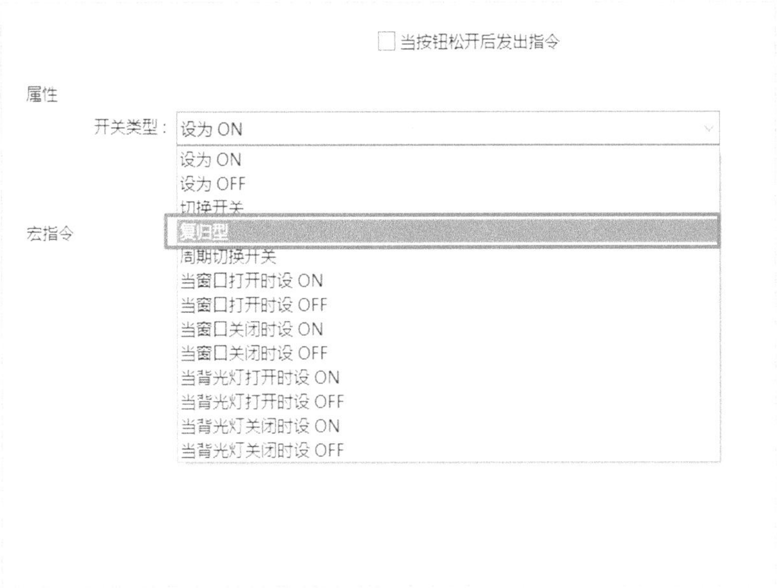

图 5-144 设置开关类型

⑱ 单击"标签"勾选"使用文字标签"（见图 5-145）。

图 5-145 设置文字标签

⑲ 在内容框中输入"工位1"(见图5-146)。

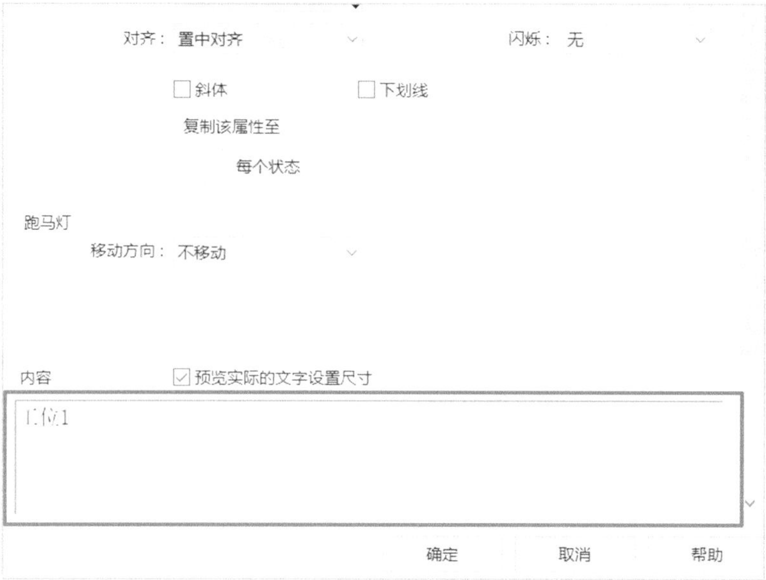

图5-146 在内容框中输入文字

⑳ 单击"确定"按钮(见图5-147)。

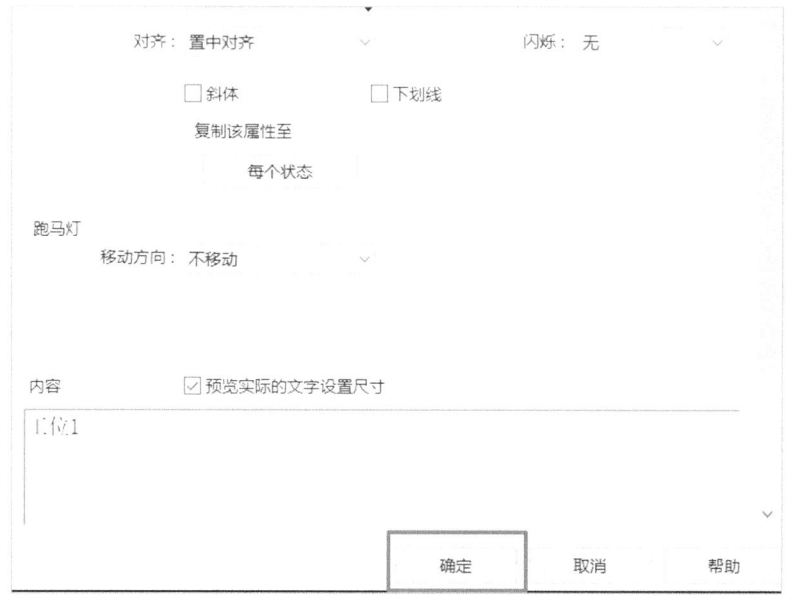

图5-147 位状态设置元件属性

㉑ 调整码垛元件合适的位置（见图 5-148）。

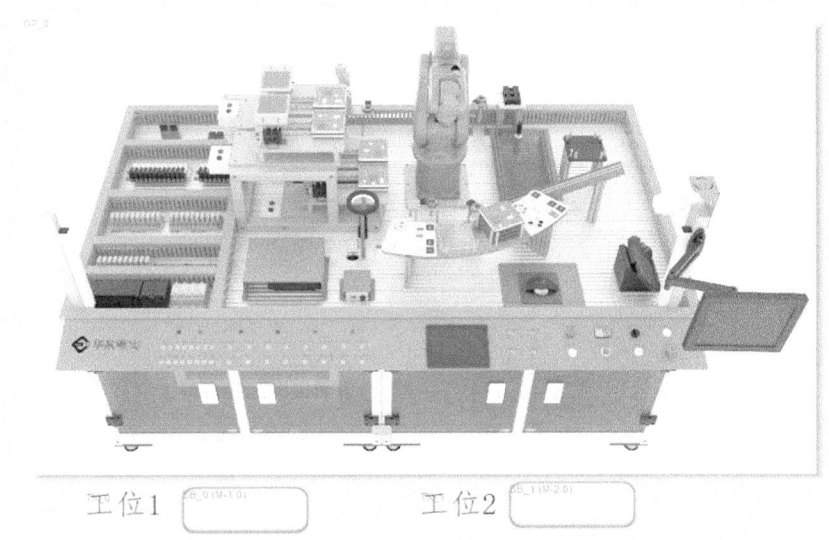

图 5-148 调整元件位置

㉒ 单击触摸屏右下角箭头（见图 5-149）。

图 5-149 下载程序（1）

㉓ 输入密码,初始密码为"111111"(见图 5-150)。

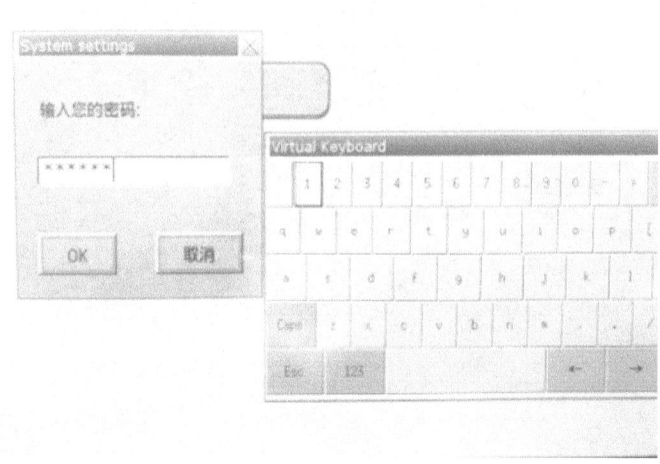

图 5-150 输入密码

㉔ 设置触摸屏 IP 地址(IP 地址根据个人实际情况修改)设置完后单击"OK"按钮(见图 5-151)。

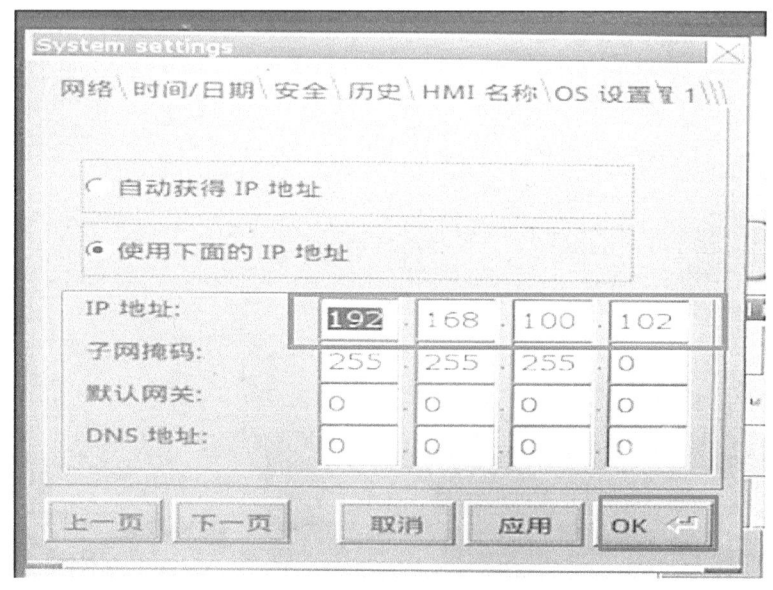

图 5-151 设置触摸屏 IP 地址

㉕ 通过网线连接触摸屏与电脑端，打开电脑本地连接属性双击"Internet 协议版本 4（TCP/IPv4）"（见图 5-152）。

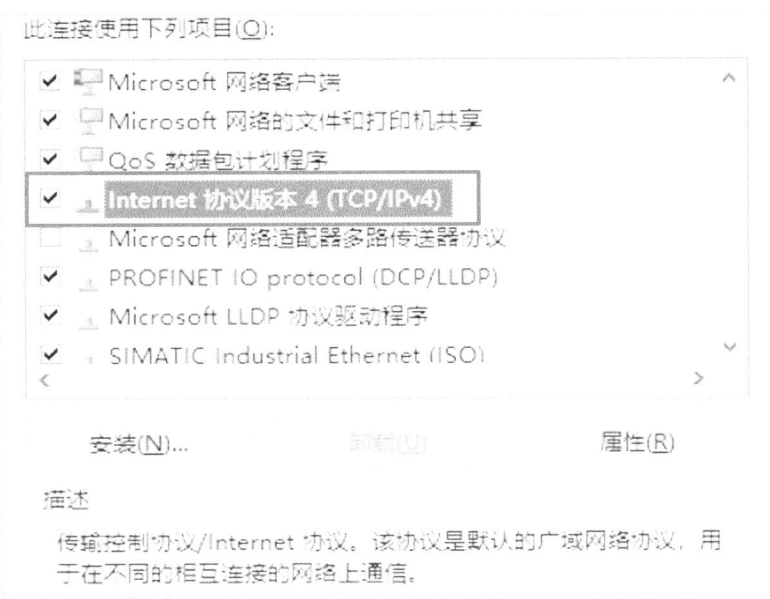

图 5-152　设置电脑本地 IP（1）

㉖ 设置 IP 地址使网段与触摸屏一致，单击"确定"按钮（见图 5-153）。

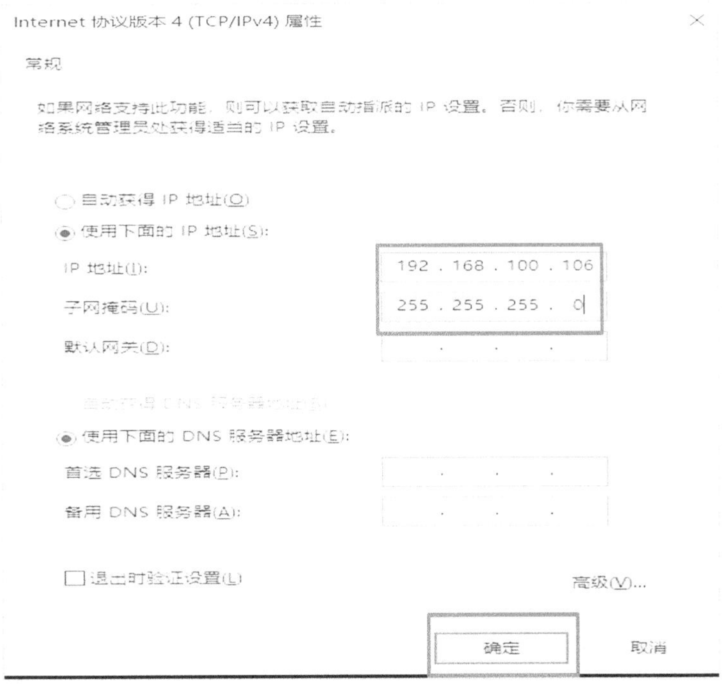

图 5-153　设置电脑本地 IP（2）

㉗单击"下载(PC->HMI)"(见图5-154)。

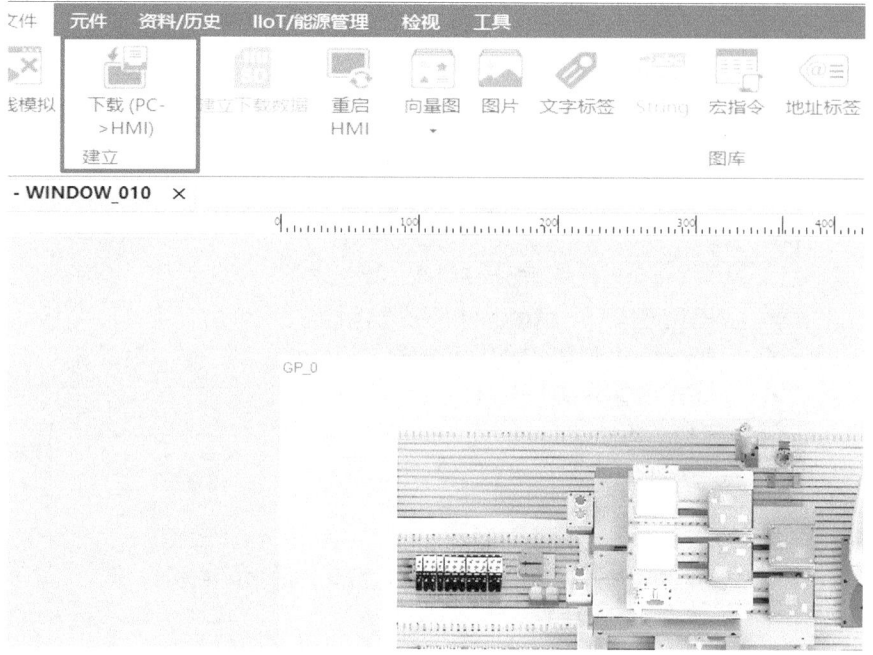

图5-154 下载程序(2)

㉘程序自动编译成功没有错误后会自动弹出下载窗口(见图5-155)。

图5-155 编译程序

㉙单击"搜寻全部"单击触摸屏地址,单击"下载"(见图5-156)。

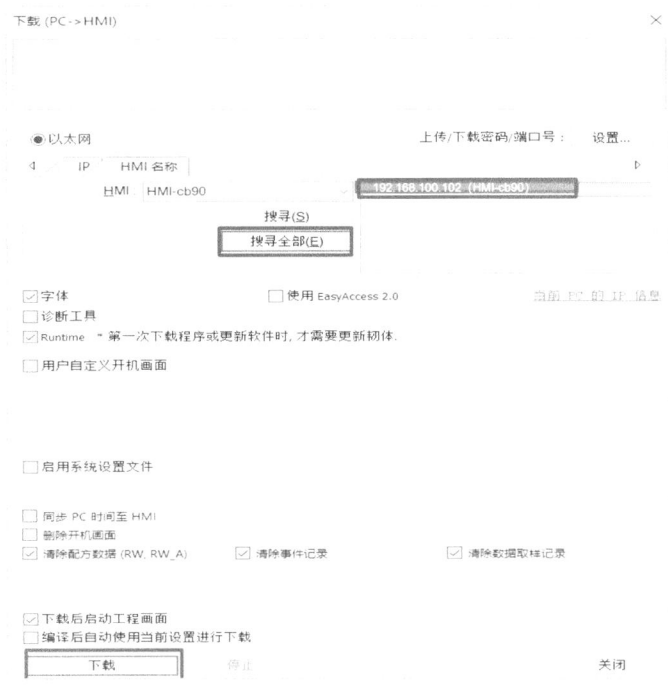

图 5-156 下载程序(3)

(2)编写并下载 PLC 程序,实现:触摸屏上选择工位后,工业机器人根据输入信号(gw1 和 gw2)的状态值执行不同程序。

① 双击"CPU ST60"(见图5-157)。

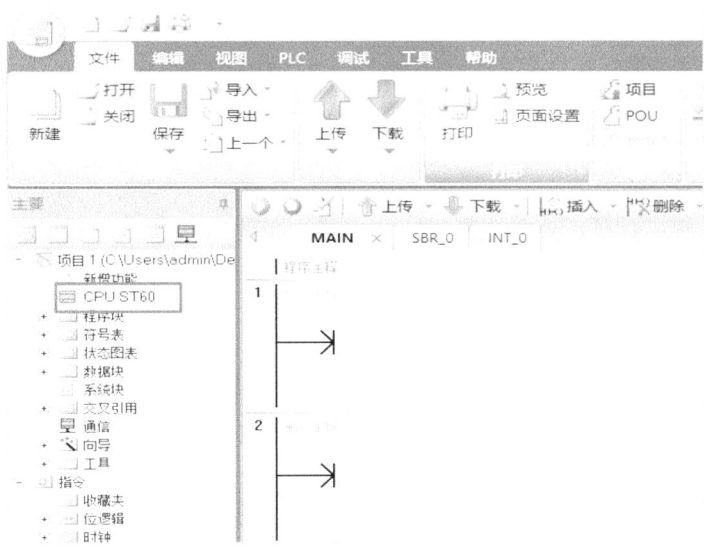

图 5-157 设置 CPU ST60

② 勾选选项，设置 PLC 地址，与触摸屏同一网段，设置 PLC 波特率（见图 5-158）。

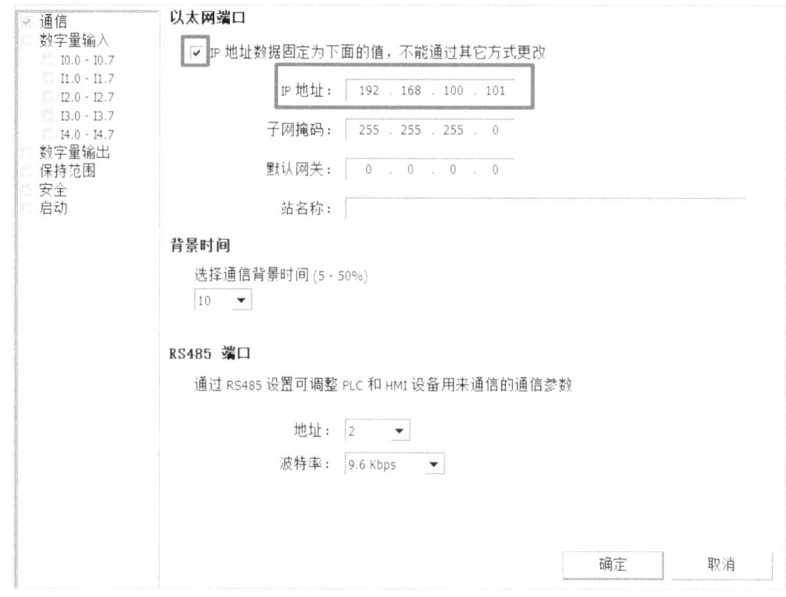

图 5-158　设置 PLC 地址、波特率

③ 单击"EM 0"选择为"EM DR08"（见图 5-159）。

图 5-159　添加拓展模块（1）

④ 单击"EM 1"添加拓展模块"EM DR16"（见图 5-160）。

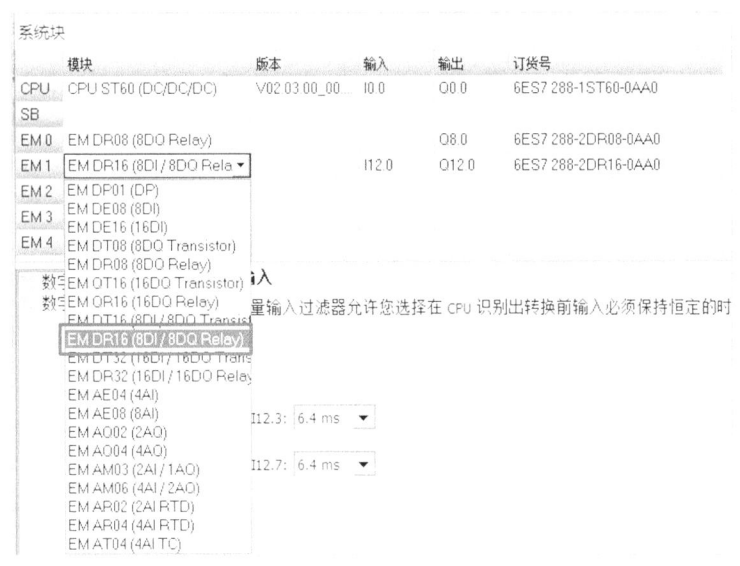

图 5-160　添加拓展模块（2）

⑤ 单击"确定"（见图 5-161）。

图 5-161　系统块界面

⑥ 编程程序输入信号"M1.0"中输入注释为触摸屏垛型 A 按钮，在输出信号"Q12.1"中输入注释为工业机器人信号 gw1；在输入信号"M2.0"中输入注释为触摸屏垛型 B 按钮，在输出信号"Q12.2"中输入注释为工业机器人信号 gw2（见图 5-162）。

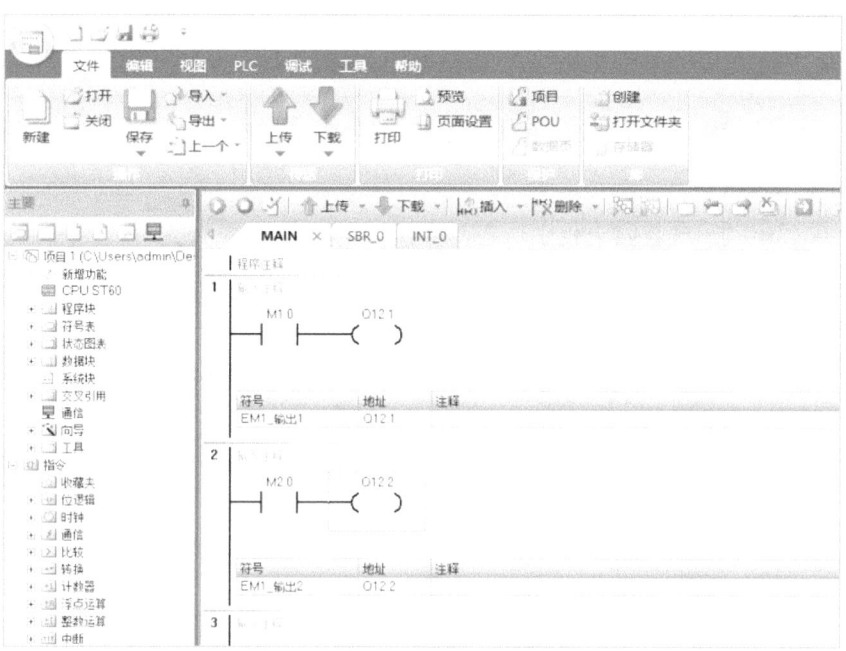

图 5-162 程序编辑界面

⑦ 单击"下载"后找到 PLC 连接,单击"查找 CPU",单击"确定"按钮(见图 5-163)。

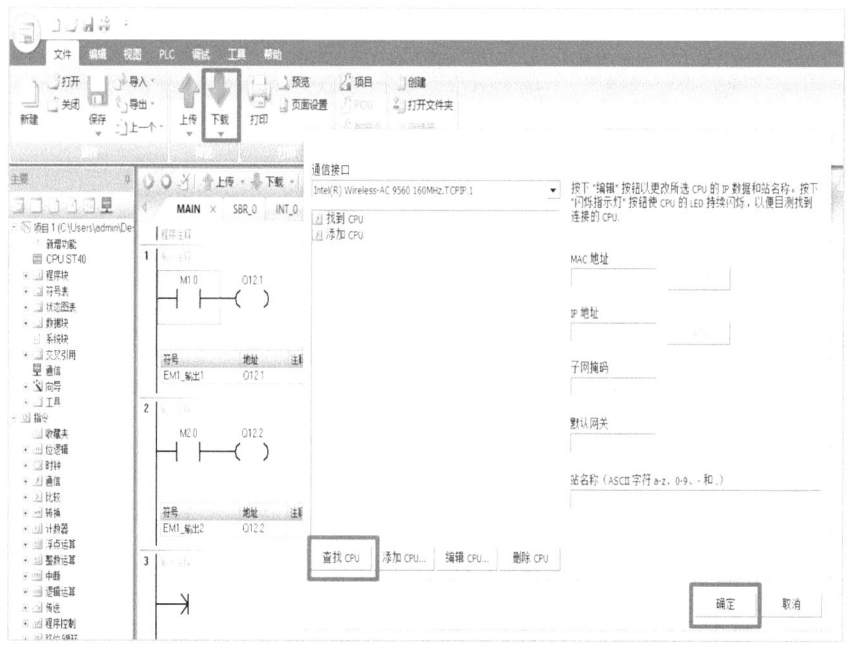

图 5-163 下载 PLC 程序

二、工业机器人的编程调试

示教编程时,芯片原料料盘放置满芯片,芯片电路板处于空置状态,工业机器人末端快换装置处不安装外部工具(见图 5-164)。可通过调节对应电磁阀调试按钮使工位 1 和工位 2 处于推出状态。

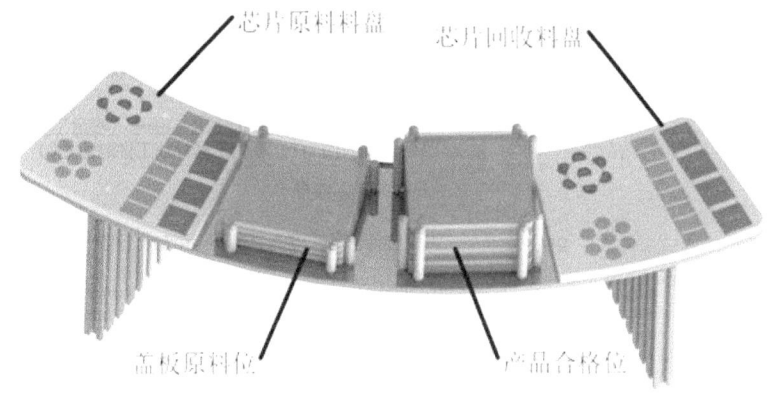

图 5-164 整体料架

(1)新建程序模块"KH",并在程序模块中创建主程序 main、自动抓取吸盘工具程序 GetTool、自动释放吸盘工具程序 PutTool、工位 1 芯片搬运程序 MGetChip01、工位 2 芯片搬运程序 MGetChip02。

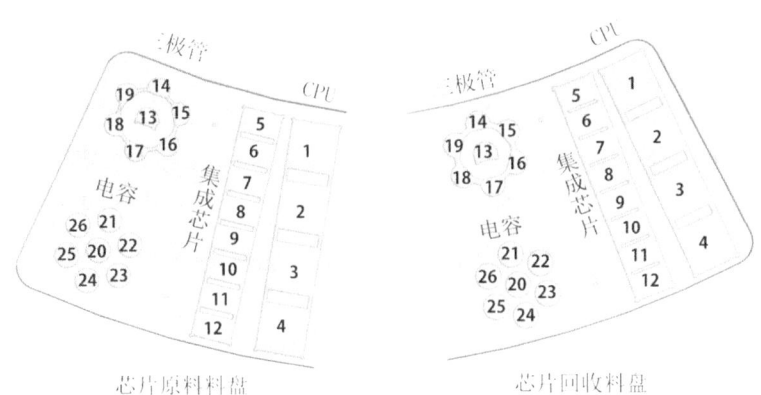

图 5-165 芯片料盘芯片摆放位置编号

(2)信号配置。

信号参数(见图 5-166)。

硬件设备	地址	名称	功能描述	对应设备
DSQC652	10	d652	挂载到DeviceNet网络下	标准I/O板
工业机器人输出信号				
DSQC652	7	QuickChange	控制快换装置信号(快换装置为卸载状态时值为1;快换装置为装载状态时值为0)	快换装置
DSQC652	9	Sucker01	切换吸盘工具吸取、释放状态的信号(吸盘工具吸取工件时值为1;吸盘工具释放工件时值为0)	吸盘工具(单)
工业机器人输入信号				
DSQC652	0	gw1	流程选择信号。值为1时,表示选择工位一装配	PLC输出端Q12.0
DSQC652	1	gw2	流程选择信号。值为1时,表示选择工位二装配	PLC输出端Q12.1

图 5-166 信号参数

(3)编写异形芯片程序及控制程序,步骤如下。

① 单击"文件"(见图 5-167)。

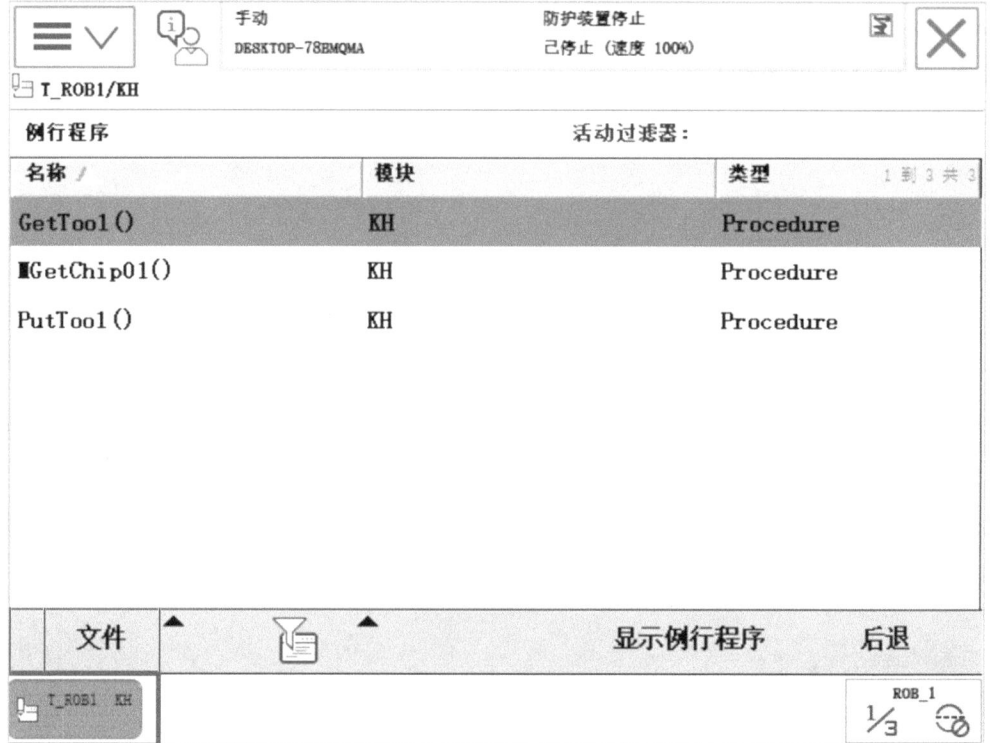

图 5-167 新建例行程序(1)

② 选择"新建例行程序..."（见图 5-168）。

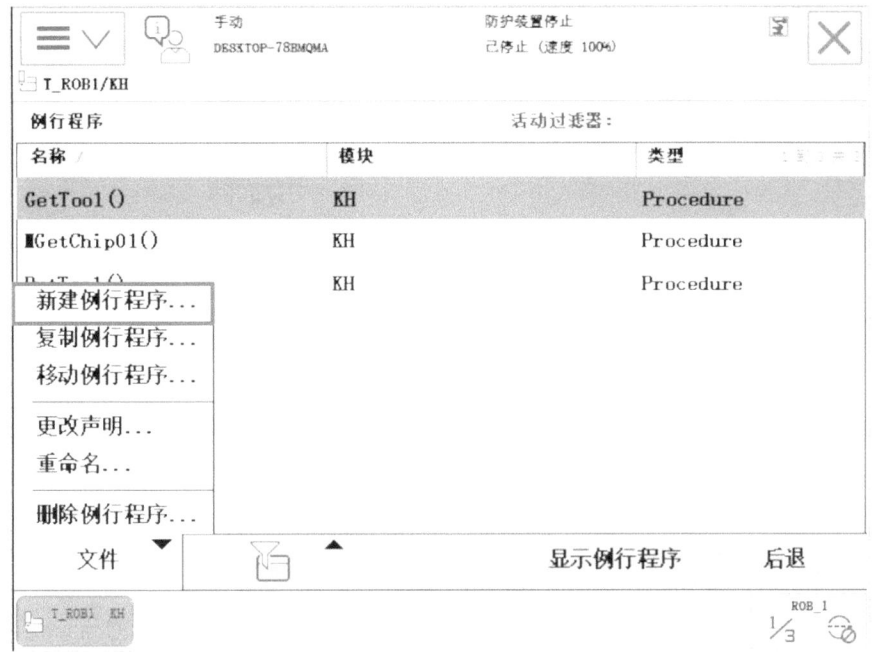

图 5-168　新建例行程序（2）

③ 修改程序名称，单击"确定"按钮（见图 5-169）。

图 5-169　修改程序名称

④ 单击右下角，单击机器人图标将 TCP 更换为"xipan"（见图 5-170）。

图 5-170 更改工具坐标系

（4）编辑工作程序，设定前文（见图 5-127）工位 1 中的芯片槽 1 为正方形 Z1、芯片槽 2 为长方形 C1、芯片槽 5 为半圆 b1。电路板上对应位置为 d1、d2、d3。

① 编辑程序，使机器人从 Z1 拿取 CPU 并放置到电路板 d1 位置上（见图 5-171）。

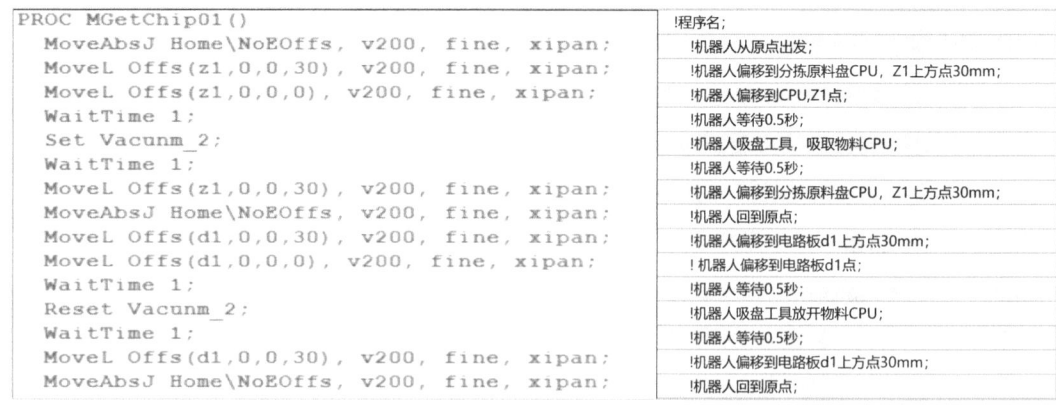

图 5-171 分拣工位 1，Z1

② 编辑程序，使机器人从 C1 拿取集成芯片并放置到电路板 d2 位置上（见图 5-172）。

```
MoveAbsJ Home\NoEOffs, v200, fine, x1pan;   !机器人从原点出发;
MoveL Offs(c1,0,0,30), v200, fine, x1pan;   !机器人偏移到分拣原料盘集成芯片, C1上方点30mm;
MoveL Offs(c1,0,0,0), v200, fine, x1pan;    !机器人偏移到集成芯片, C1点;
WaitTime 1;                                  !机器人等待0.5秒;
Set Vacunm_2;                                !机器人吸盘工具, 吸取物料集成芯片;
WaitTime 1;                                  !机器人等待0.5秒;
MoveL Offs(c1,0,0,30), v200, fine, x1pan;   !机器人偏移到分拣原料盘集成芯片, C1上方点30mm;
MoveAbsJ Home\NoEOffs, v200, fine, x1pan;   !机器人回到原点;
MoveL Offs(d2,0,0,30), v200, fine, x1pan;   !机器人偏移到电路板d2上方点30mm;
MoveL Offs(d2,0,0,0), v200, fine, x1pan;    !机器人偏移到电路板d2点;
WaitTime 1;                                  !机器人等待0.5秒;
Reset Vacunm_2;                              !机器人吸盘工具放开物料集成芯片;
WaitTime 1;                                  !机器人等待0.5秒;
MoveL Offs(d2,0,0,30), v200, fine, x1pan;   !机器人偏移到电路板d2上方点30mm;
MoveAbsJ Home\NoEOffs, v200, fine, x1pan;   !机器人回到原点;
```

图 5-172 分拣工位 1, C1

③ 编辑程序, 使机器人从 b1 拿取三极管并放置到电路板 d3 位置上 (见图 5-173)。

```
MoveAbsJ Home\NoEOffs, v200, fine, x1pan;   !机器人从原点出发;
MoveL Offs(b1,0,0,30), v200, fine, x1pan;   !机器人偏移到分拣原料盘三极管, b1上方点30mm;
MoveL Offs(b1,0,0,0), v200, fine, x1pan;    !机器人偏移到三极管, b1点;
WaitTime 1;                                  !机器人等待0.5秒;
Set Vacunm_2;                                !机器人吸盘工具, 吸取物料三极管;
WaitTime 1;                                  !机器人等待0.5秒;
MoveL Offs(b1,0,0,30), v200, fine, x1pan;   !机器人偏移到分拣原料盘三极管, b1上方点30mm;
MoveAbsJ Home\NoEOffs, v200, fine, x1pan;   !机器人回到原点;
MoveL Offs(d3,0,0,30), v200, fine, x1pan;   !机器人偏移到电路板d3上方点30mm;
MoveL Offs(d3,0,0,0), v200, fine, x1pan;    !机器人偏移到电路板d3点;
WaitTime 1;                                  !机器人等待0.5秒;
Reset Vacunm_2;                              !机器人吸盘工具放开物料三极管;
WaitTime 1;                                  !机器人等待0.5秒;
MoveL Offs(d3,0,0,30), v200, fine, x1pan;   !机器人偏移到电路板d3上方点30mm;
MoveAbsJ Home\NoEOffs, v200, fine, x1pan;   !机器人回到原点;
ENDPROC
```

图 5-173 分拣工位 1, b1

(5) 编辑程序, 设定前文 (见图 5-127) 工位 2 中的芯片槽 1 为正方形 $Z2$、芯片槽 2 为长方形 $C2$、芯片槽 5 为半圆 $b2$。电路板上对应位置为 $d6$、$d7$、$d8$。

① 编辑程序, 使机器人从 Z2 拿取 CPU 并放置到电路板 d6 位置上 (见图 5-174)。

```
PROC MGetChip02()
MoveAbsJ Home\NoEOffs, v200, fine, x1pan;   !机器人从原点出发;
MoveL Offs(z2,0,0,30), v200, fine, x1pan;   !机器人偏移到分拣原料盘CPU, Z2上方点30mm;
MoveL Offs(z2,0,0,0), v200, fine, x1pan;    !机器人偏移到CPU,Z2点;
WaitTime 1;                                  !机器人等待0.5秒;
Set Vacunm_2;                                !机器人吸盘工具, 吸取物料CPU;
WaitTime 1;                                  !机器人等待0.5秒;
MoveL Offs(z2,0,0,30), v200, fine, x1pan;   !机器人偏移到分拣原料盘CPU, Z2上方点30mm;
MoveAbsJ Home\NoEOffs, v200, fine, x1pan;   !机器人回到原点;
MoveL Offs(d6,0,0,30), v200, fine, x1pan;   !机器人偏移到电路板d6上方点30mm;
MoveL Offs(d6,0,0,0), v200, fine, x1pan;    !机器人偏移到电路板d6点;
WaitTime 1;                                  !机器人等待0.5秒;
Reset Vacunm_2;                              !机器人吸盘工具放开物料CPU;
WaitTime 1;                                  !机器人等待0.5秒;
MoveL Offs(d6,0,0,30), v200, fine, x1pan;   !机器人偏移到电路板d6上方点30mm;
MoveAbsJ Home\NoEOffs, v200, fine, x1pan;   !机器人回到原点;
```

图 5-174 分拣工位 2, Z2

② 编辑程序使机器人从 C2 拿取集成芯片并放置到电路板 d7 位置上（见图 5-175）。

```
MoveAbsJ Home\NoEOffs, v200, fine, xipan;   !机器人从原点出发;
MoveL Offs(c2,0,0,30), v200, fine, xipan;   !机器人偏移到分拣原料盘集成芯片, C2上方点30mm;
MoveL Offs(c2,0,0,0), v200, fine, xipan;    !机器人偏移到集成芯片, C2点;
WaitTime 1;                                 !机器人等待0.5秒;
Set Vacunm_2;                               !机器人吸盘工具, 吸取物料集成芯片;
WaitTime 1;                                 !机器人等待0.5秒;
MoveL Offs(c2,0,0,30), v200, fine, xipan;   !机器人偏移到分拣原料盘集成芯片, C2上方点30mm;
MoveAbsJ Home\NoEOffs, v200, fine, xipan;   !机器人回到原点;
MoveL Offs(d7,0,0,30), v200, fine, xipan;   !机器人偏移到电路板d7上方点30mm;
MoveL Offs(d7,0,0,0), v200, fine, xipan;    !机器人偏移到电路板d7点;
WaitTime 1;                                 !机器人等待0.5秒;
Reset Vacunm_2;                             !机器人吸盘工具放开物料集成芯片;
WaitTime 1;                                 !机器人等待0.5秒;
MoveL Offs(d7,0,0,30), v200, fine, xipan;   !机器人偏移到电路板d7上方点30mm;
MoveAbsJ Home\NoEOffs, v200, fine, xipan;   !机器人回到原点;
```

图 5-175　分拣工位 2，C2

③ 编辑程序使机器人从 b2 拿取三极管并放置到电路板 d8 位置上（见图 5-176）。

```
MoveAbsJ Home\NoEOffs, v200, fine, xipan;   !机器人从原点出发;
MoveL Offs(b2,0,0,30), v200, fine, xipan;   !机器人偏移到分拣原料盘三极管, b2上方点30mm;
MoveL Offs(b2,0,0,0), v200, fine, xipan;    !机器人偏移到三极管, b2点;
WaitTime 1;                                 !机器人等待0.5秒;
Set Vacunm_2;                               !机器人吸盘工具, 吸取物料三极管;
WaitTime 1;                                 !机器人等待0.5秒;
MoveL Offs(b2,0,0,30), v200, fine, xipan;   !机器人偏移到分拣原料盘三极管, b2上方点30mm;
MoveAbsJ Home\NoEOffs, v200, fine, xipan;   !机器人回到原点;
MoveL Offs(d8,0,0,30), v200, fine, xipan;   !机器人偏移到电路板d8上方点30mm;
MoveL Offs(d8,0,0,0), v200, fine, xipan;    !机器人偏移到电路板d8点;
WaitTime 1;                                 !机器人等待0.5秒;
Reset Vacunm_2;                             !机器人吸盘工具放开物料三极管;
WaitTime 1;                                 !机器人等待0.5秒;
MoveL Offs(d8,0,0,30), v200, fine, xipan;   !机器人偏移到电路板d8上方点30mm;
MoveAbsJ Home\NoEOffs, v200, fine, xipan;   !机器人回到原点;
ENDPROC
```

图 5-176　分拣工位 2，b2

（6）编写主程序

① 单击"文件"，选择"新建例行程序..."（见图 5-177）。

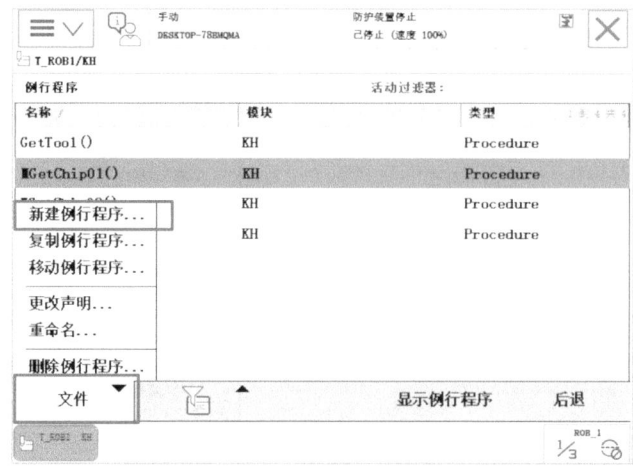

图 5-177　新建例行程序

② 修改程序名称，创建主程序"main"，单击"确定"按钮（见图 5-178）。

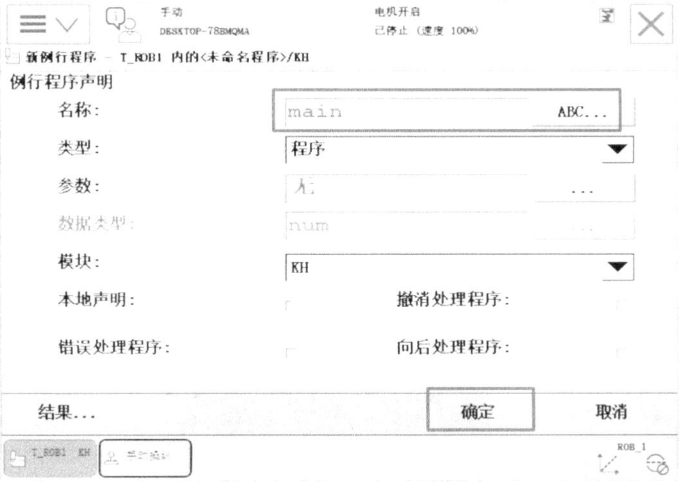

图 5-178 创建主程序名称

③ 编写工作站主程序（见图 5-179）。

图 5-179 编写工作站主程序

（7）触摸屏、PLC、机器人联调信号对应（见图 5-180）。

硬件设备	信号名称	对应硬件	信号名称	功能描述
触摸屏	M1.0	PLC	M1.0	触摸屏点击芯片装配按钮，PLC触点M0.0闭合接通Q12.0
	M2.0		M2.0	触摸屏点击涂胶按钮，PLC触点M0.1闭合接通Q12.1
PLC	Q12.0	机器人	gw1	Q12.0接通后，机器人信号gw1值置1
	Q12.1		gw2	Q12.1接通后，机器人信号gw2值置1

图 5-180 信号对应

三、视觉系统配置

使用"分类"功能,识别芯片形状及颜色。

① 添加界面名称单击"工具"中的"系统设置"(见图 5-181)。

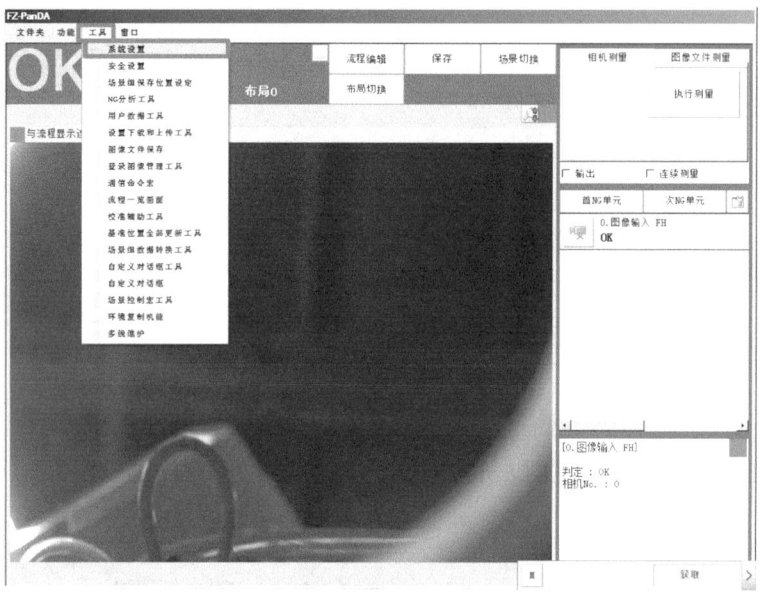

图 5-181　通信模块设置(1)

② 单击"通信模块"中的"无协议(TCP)",然后单击"适用"(见图 5-182)。

图 5-182　通信模块设置(2)

③ 单击"文件夹"中的"完毕"（见图5-183）。

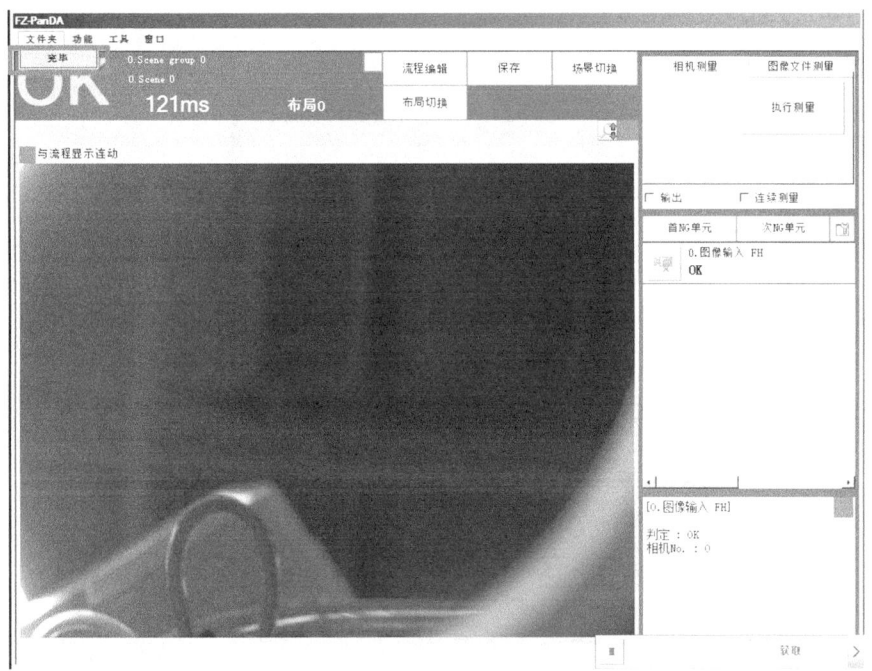

图 5-183　保存设置

④ 重启视觉系统（见图5-184）。

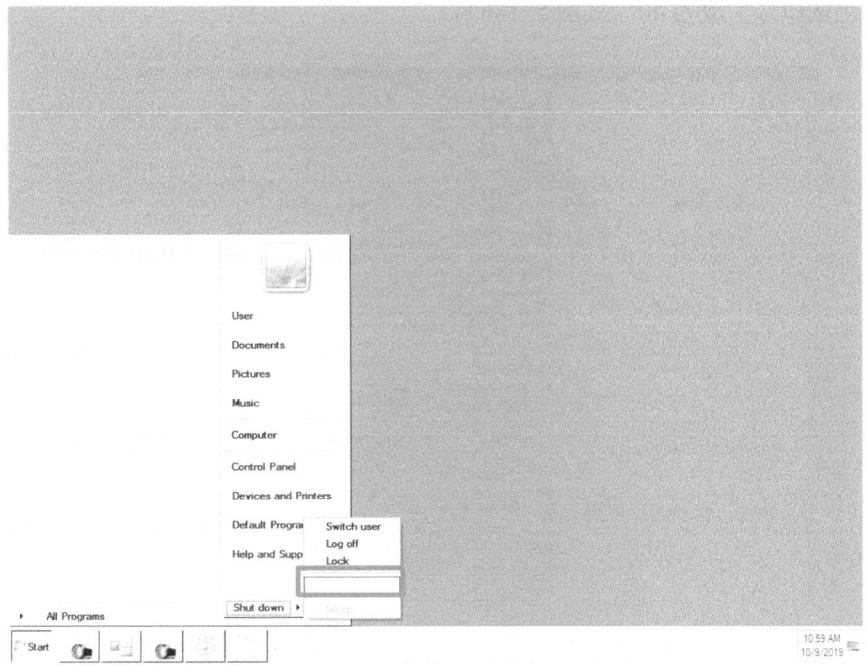

图 5-184　重启视觉系统

⑤ 单击"工具"中的"系统设置"(见图5-185)。

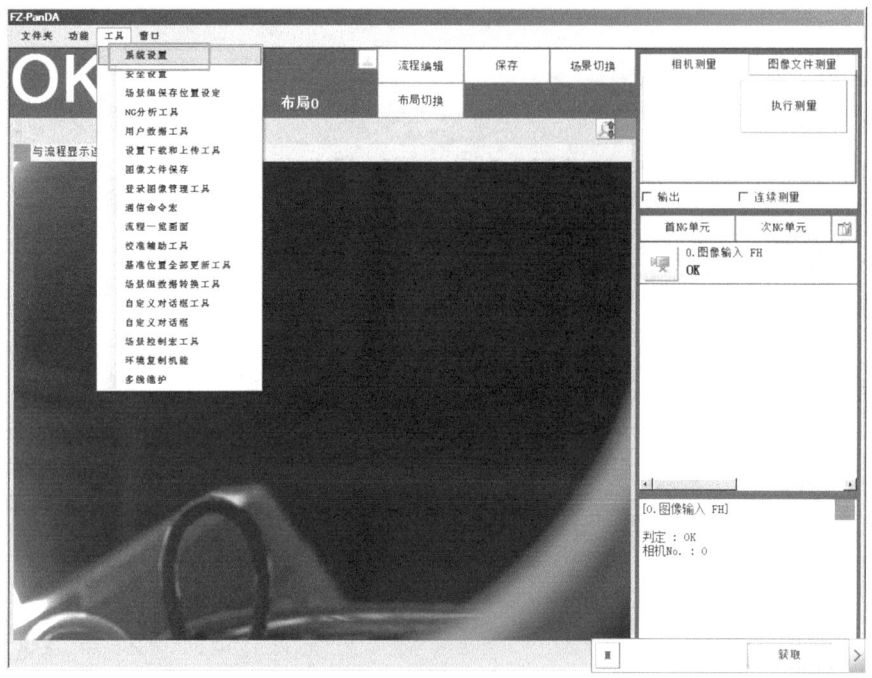

图5-185 设置通信参数（1）

⑥ 设置IP地址。选择"使用下个IP地址"，"IP地址"和"默认网关"改为192.168.1.2，"输入、出端口号"改为40（见图5-186）。

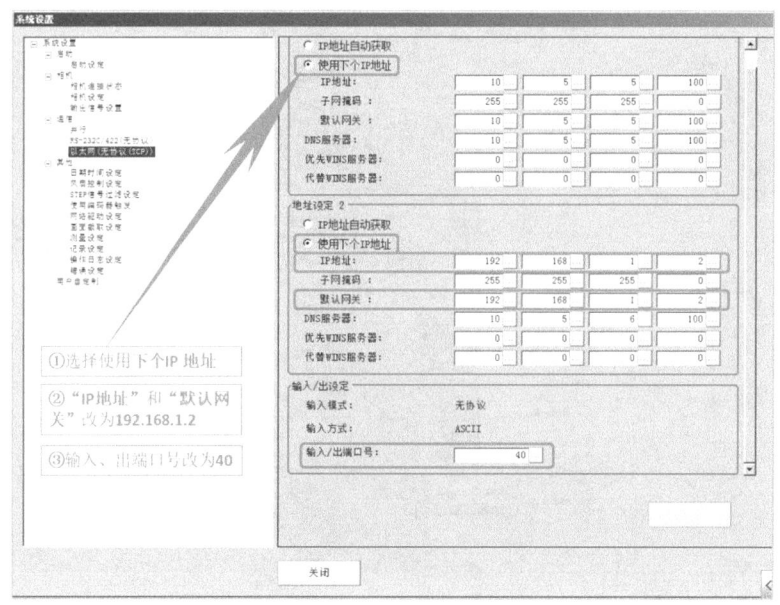

图5-186 设置通信参数（2）

⑦ 设置相机图像模式。单击左边小方框，将"图像模式"设置为"相机图像动态"（见图5-187）。

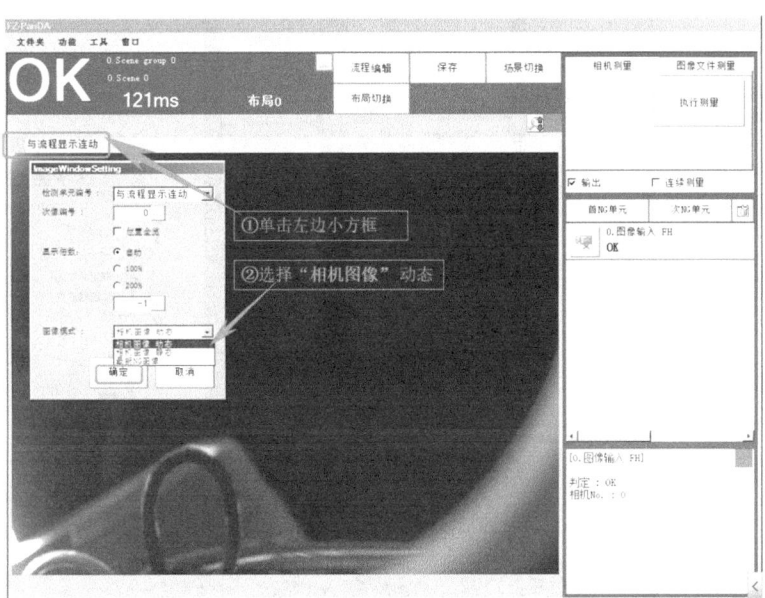

图5-187　更改图像模式

⑧ 单击"流程编辑"（见图5-188）。

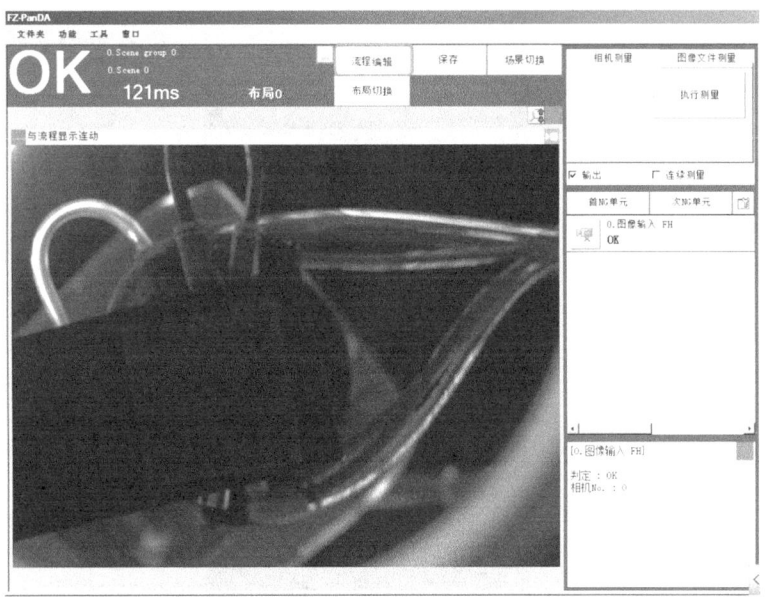

图5-188　流程添加（1）

⑨ 添加"分类",将右侧"分类"拖到左侧(见图 5-189)。

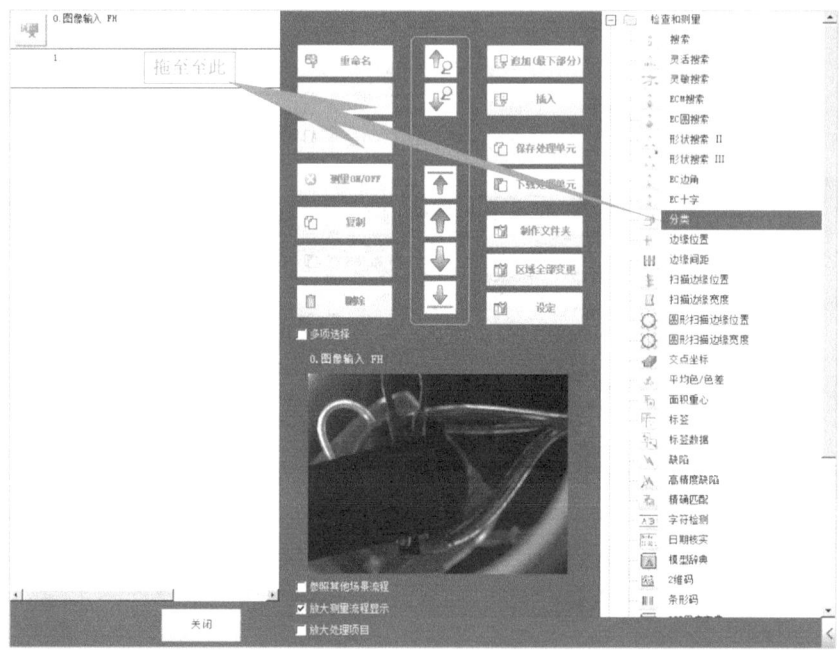

图 5-189　流程添加(2)

⑩ 添加"串行数据输出",将右侧"串行数据输出"拖到左侧(见图 5-190)。

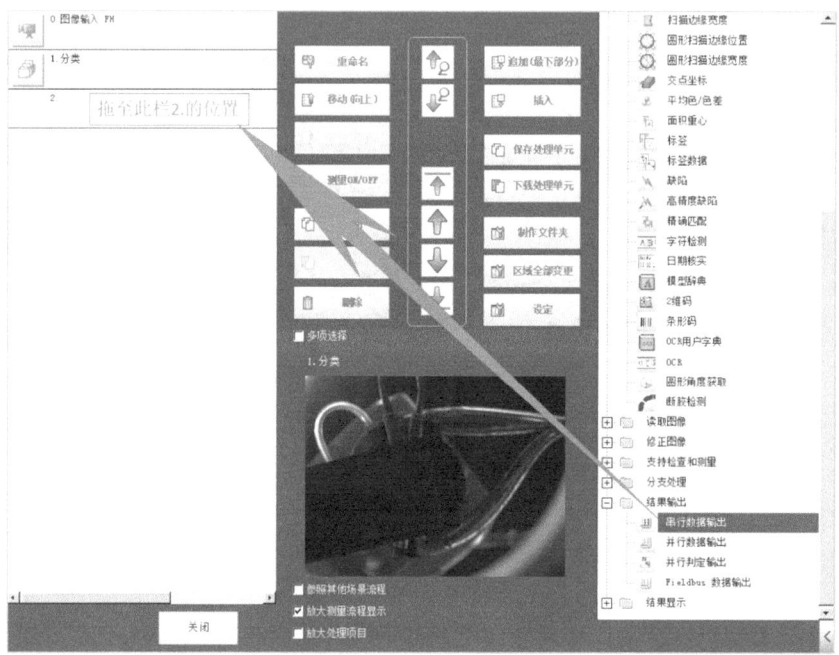

图 5-190　流程添加(3)

⑪ 单击"串行数据输出"图标（见图5-191）。

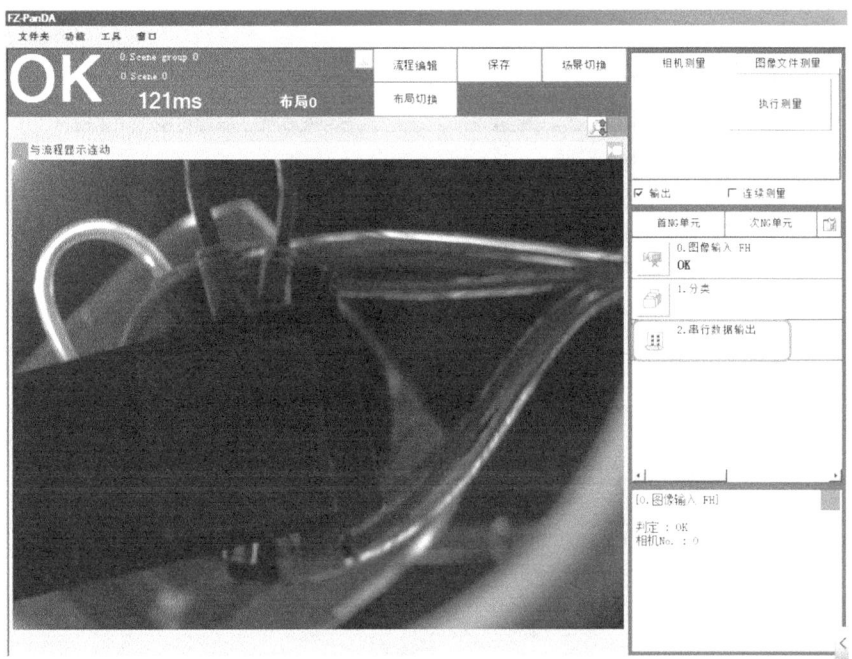

图5-191　添加输出表达式（1）

⑫ 添加表达式（见图5-192）。

图5-192　添加输出表达式（2）

⑬ 表达式格式为"索引号 ×10+ 模型号"（见图 5-193）。

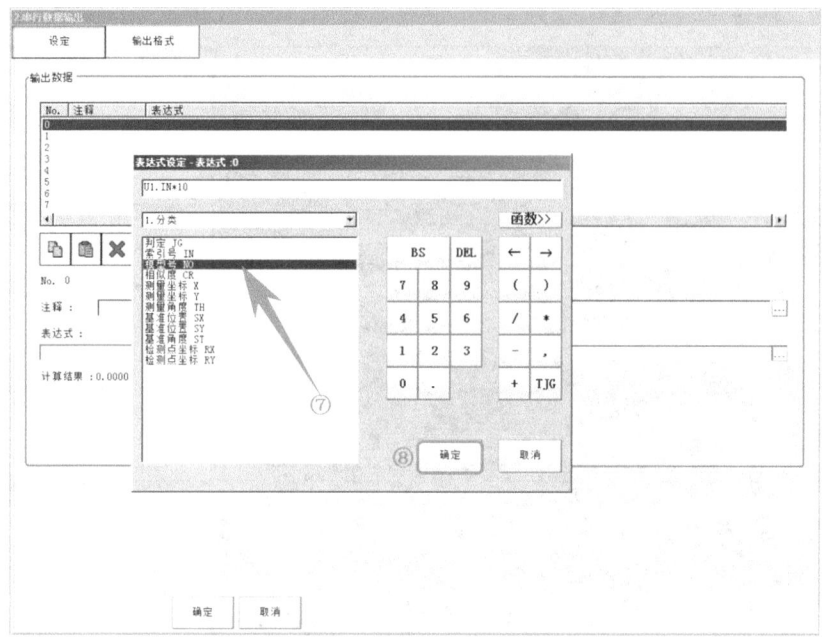

图 5-193　添加输出表达式（3）

⑭ 更改输出格式。单击输出格式，在"通信方式"中选择以太网；"输出形式"中选择 ASCII；"整数位数"选择 2；"小数位数"选择 0；单击"确定"按钮（见图 5-194）。

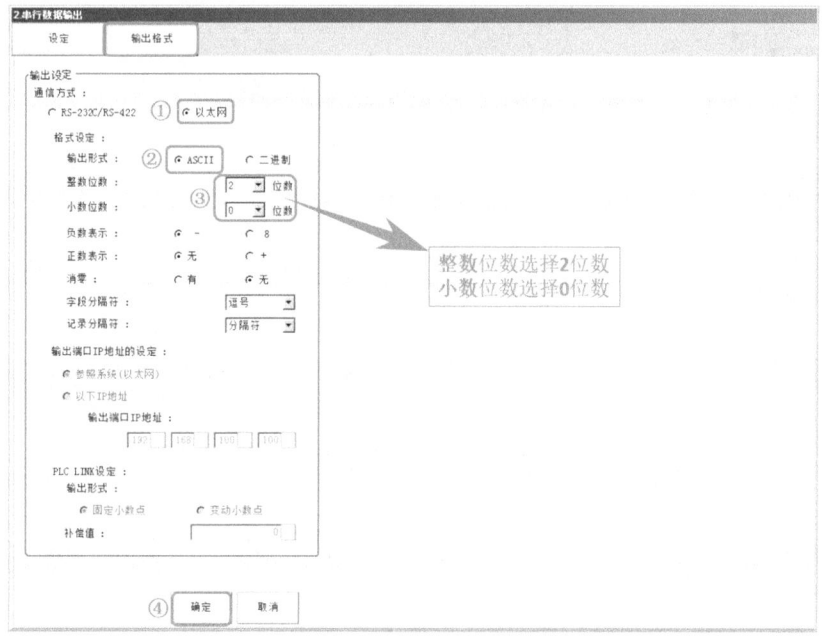

图 5-194　添加输出表达式（4）

⑮ 单击"分类"图标（见图5-195）。

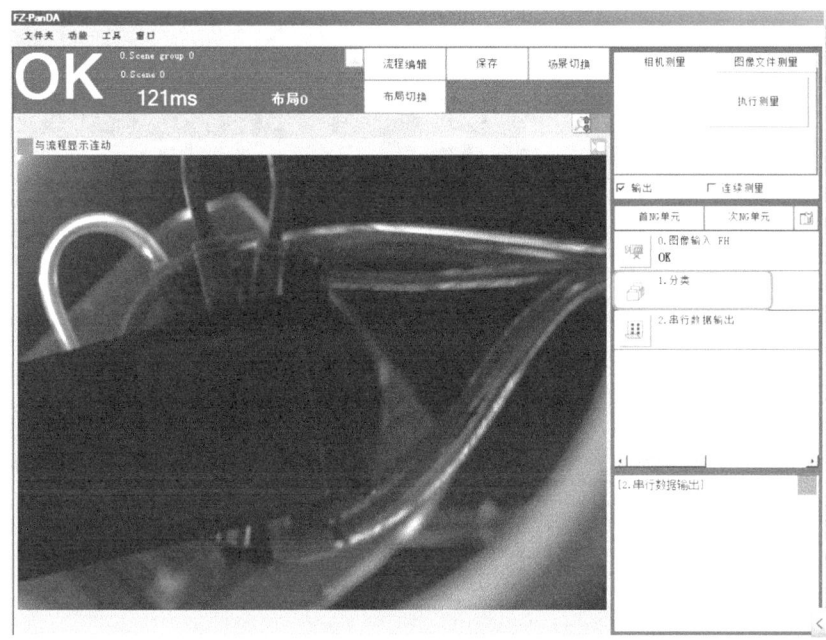

图5-195 添加芯片颜色形状（1）

⑯ 登录模型。选择第二列第二排的小方框，单击"模型登录"按钮（见图5-196）。

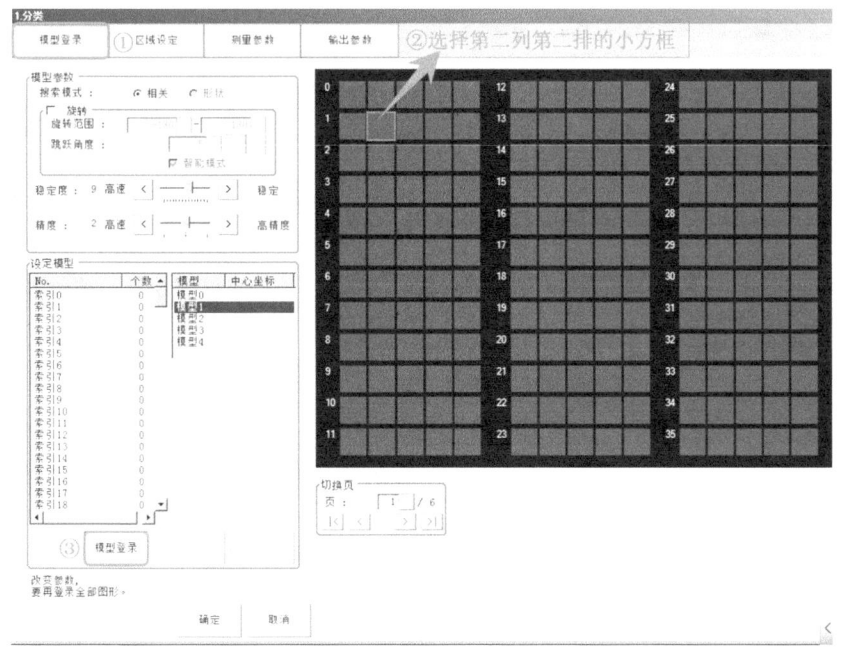

图5-196 添加芯片颜色形状（2）

⑰ 登录模型。选择"多边形"（见图5-197）。

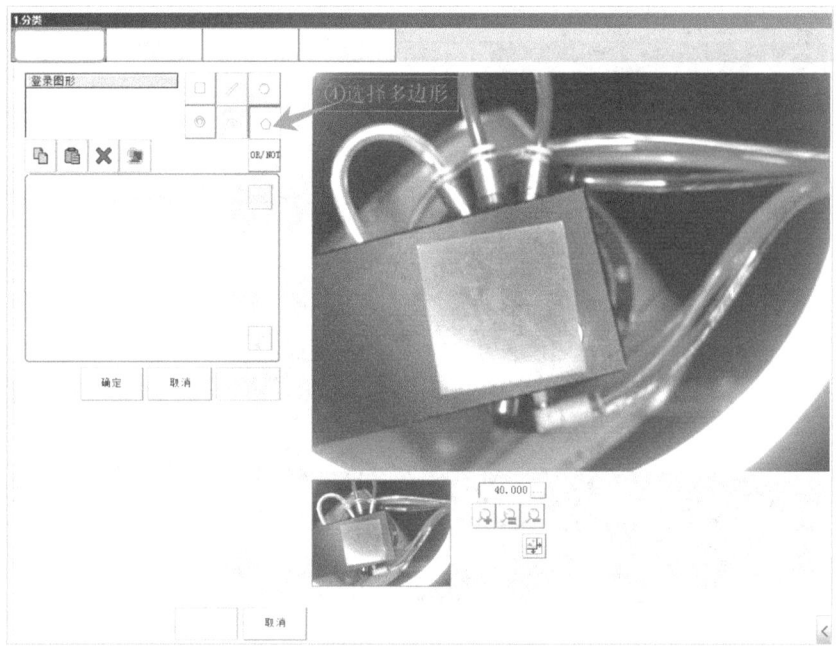

图5-197 添加芯片颜色形状（3）

⑱ 登录模型。将多边形拖至与芯片大小一致即可（见图5-198）。

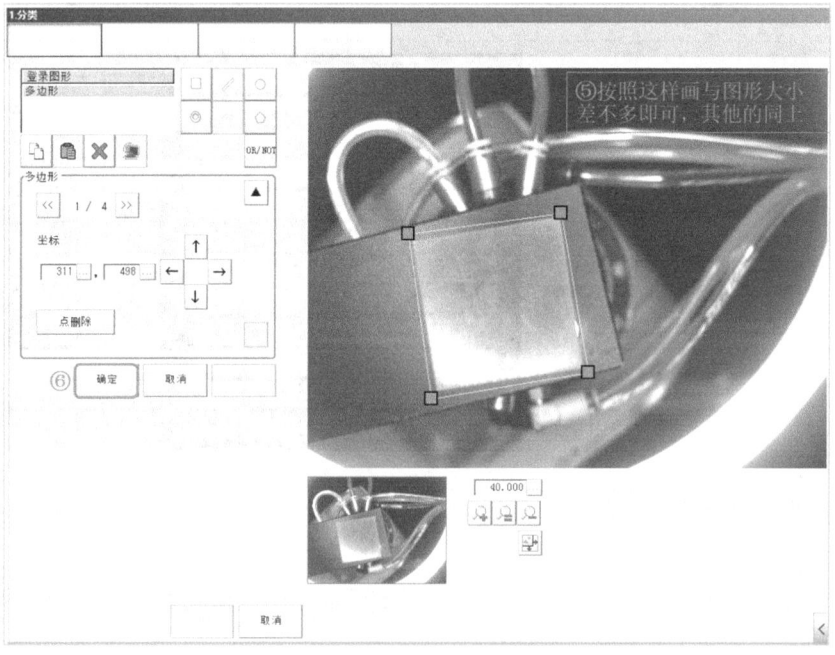

图5-198 添加芯片颜色形状（4）

⑲ 登录模型。单击"确定"按钮（见图 5-199）。

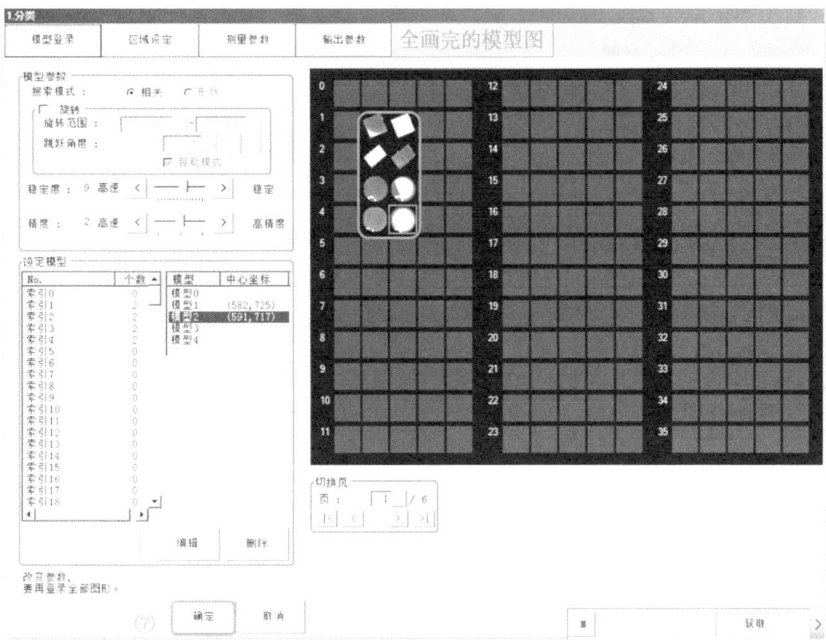

图 5-199　添加芯片颜色形状（5）

⑳ 保存程序（见图 5-200）。

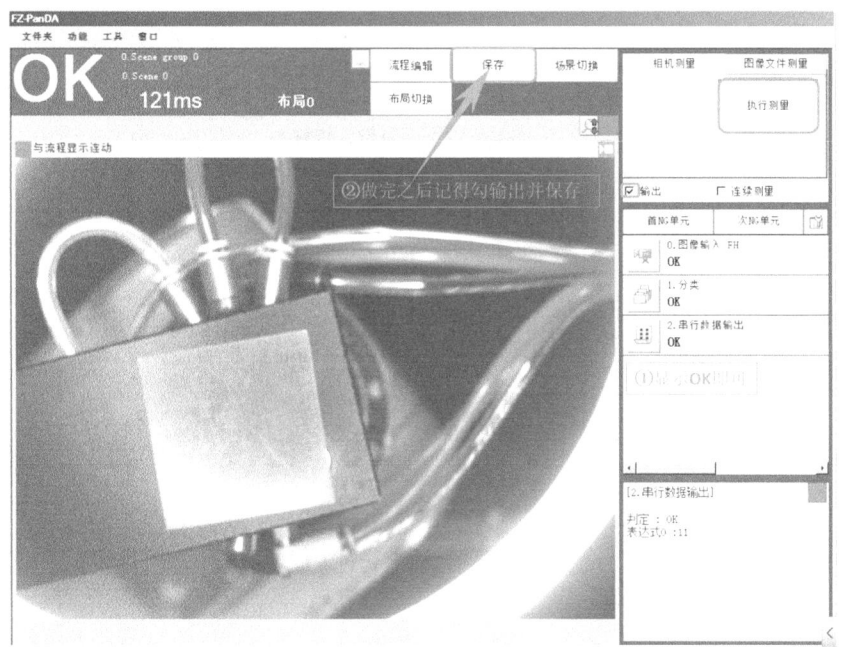

图 5-200　保存程序

㉑ 新建例行程序，类型选择功能，单击"确定"按钮（见图5-201）。

图 5-201　新建例行程序

㉒ 单击"程序数据"（见图5-202）。

图 5-202　添加变量（1）

㉓ 单击"视图"（见图 5-203）。

图 5-203　添加变量（2）

㉔ 单击"全部数据类型"（见图 5-204）。

图 5-204　添加变量（3）

㉕ 根据下图的"名称""数据类型""存储类型"新建变量（见图5-205）。

名称	数据类型	存储类型
sj	socketdev	变量
ccdok	string	变量
jg	string	变量
ok	bool	变量
sc	num	变量

图5-205 变量信息

㉖ 编写视觉程序（见图5-206）。

图5-206 编写程序

项目六 工业机器人系统的布局搭建

任务一 工业机器人系统的定制集成

定制生产布局

按照系统定制生产布局,完成工业机器人系统中的异形芯片原料单元、涂胶码垛单元、工艺工具等机械调整(见图6-1)。

图6-1 软件界面

① 单击"工作站"(见图6-2)。

图6-2 创建新的工作站

② 选择设备型号(CHL-DS-01),单击"插入"(见图6-3)。

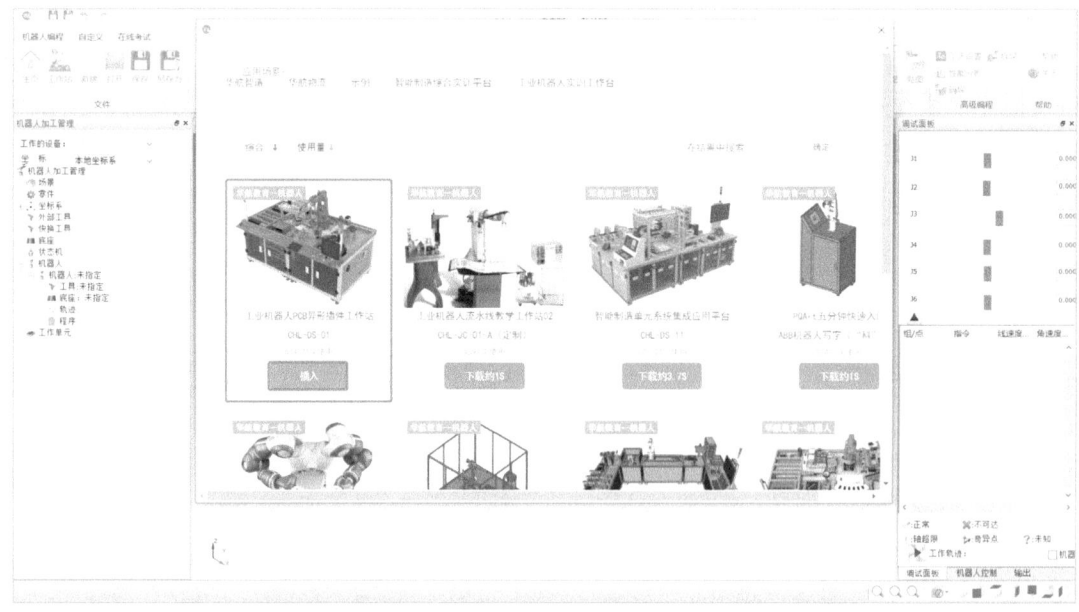

图6-3 选择设备型号

任务二 工业机器人系统的布局搭建

三维搭建

根据实际布局情况,在离线编程软件中完成系统设计和硬件环境的搭建(见图 6-4)。

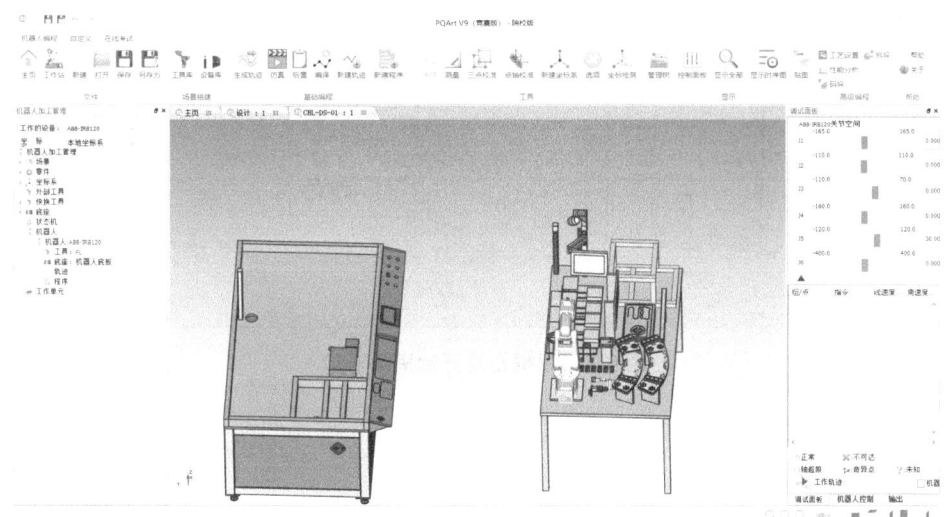

图 6-4 工作站加载完成示意图

① 单击"机器人本体"和"三维球"(见图 6-5)。

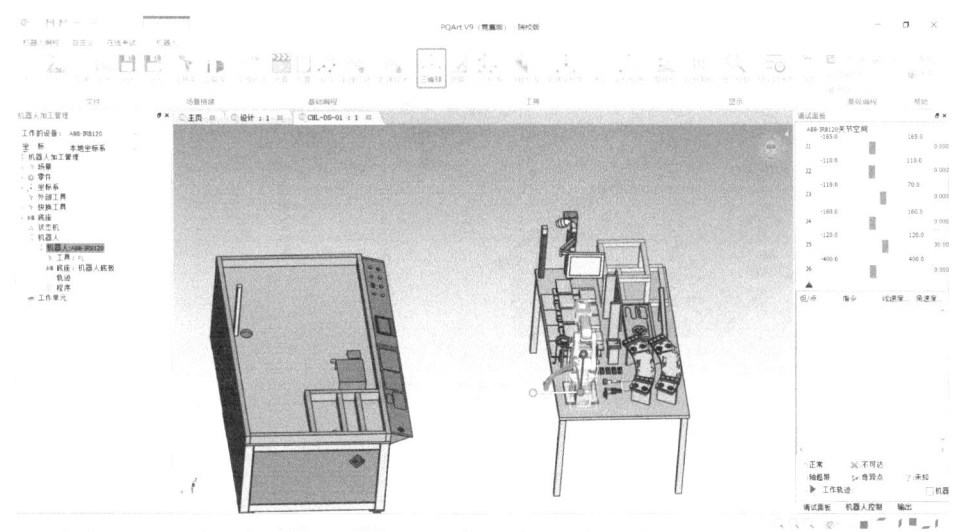

图 6-5 调出三维球功能

② 转动"三维球",机器人本体选择 -90 度(见图 6-6)。

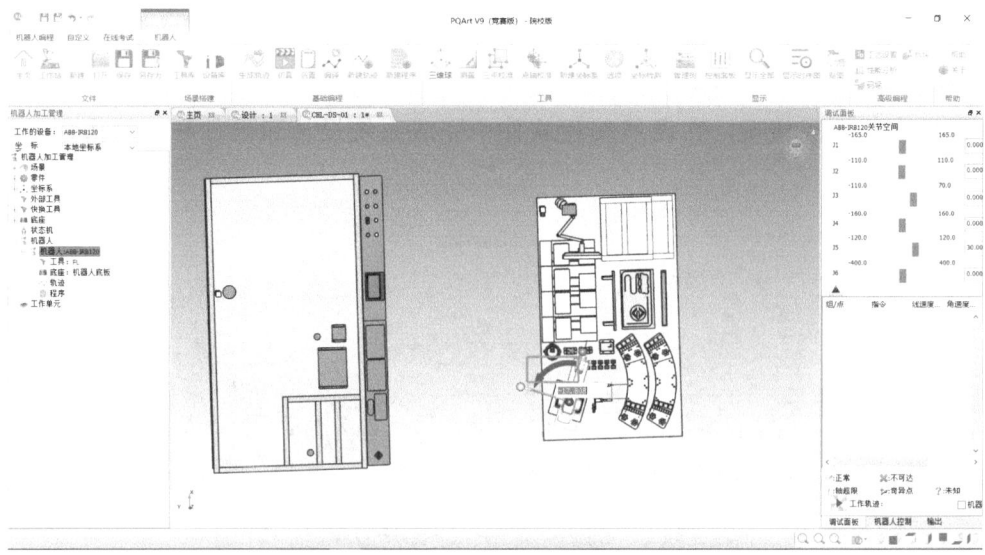

图 6-6 根据布局开始搭建(1)

③ 单击"三维球",选择到点(见图 6-7)。

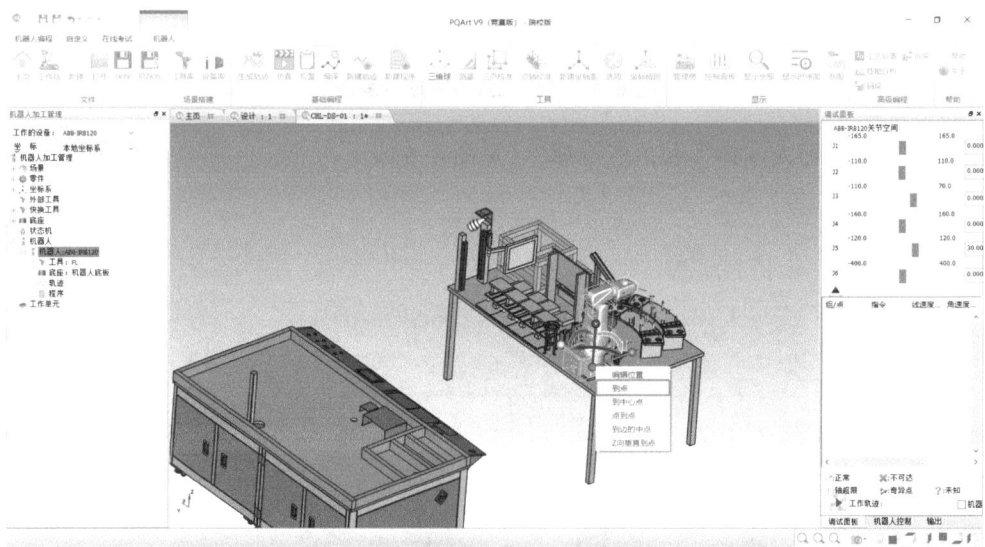

图 6-7 根据布局开始搭建(2)

④ 将机器人移动到工作台上（见图6-8）。

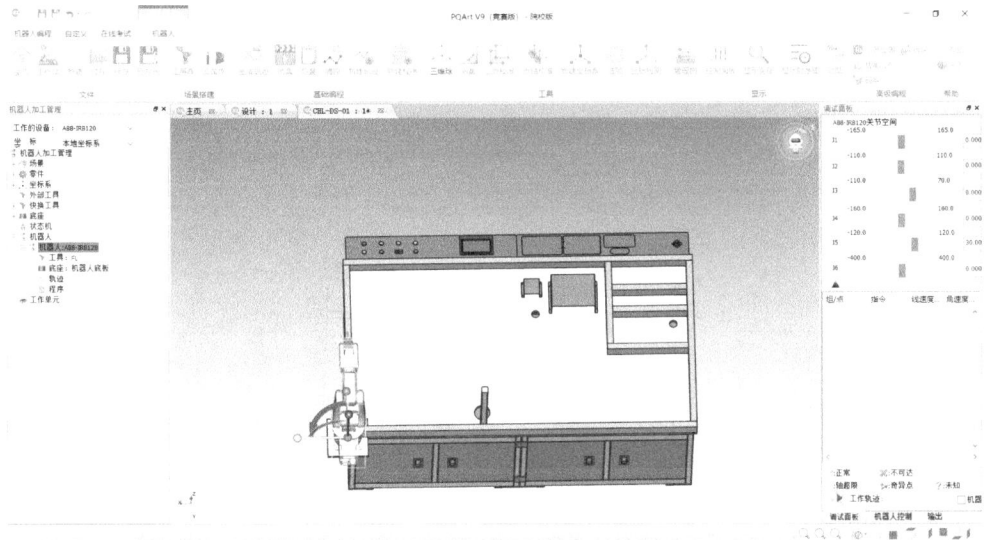

图6-8 根据布局开始搭建（3）

⑤ 单击"三维球"的Y轴，机器人往Y轴的负方向移动760mm（见图6-9）。

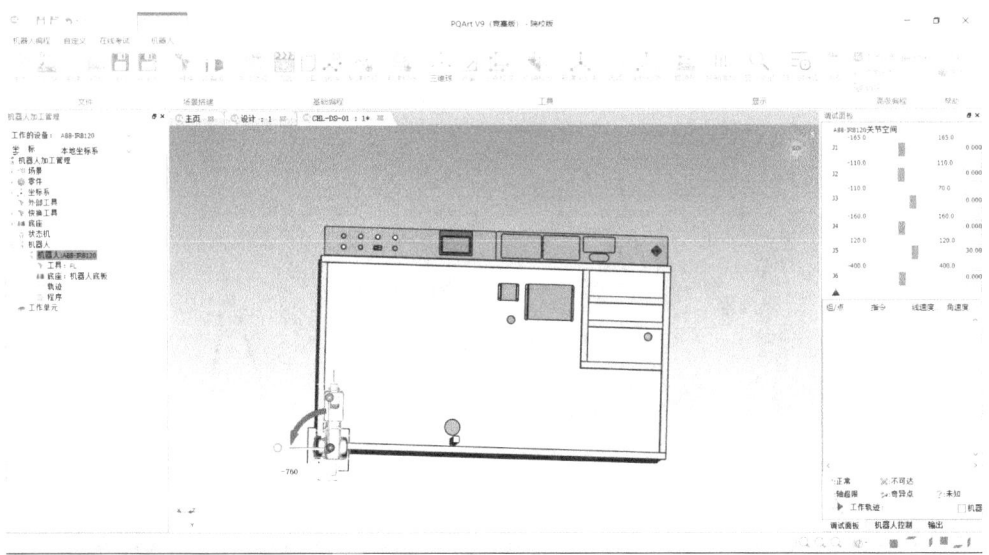

图6-9 移动机器人（1）

⑥ 单击"三维球"的 X 轴,机器人往 X 轴的正方向移动 380mm(见图 6-10)。

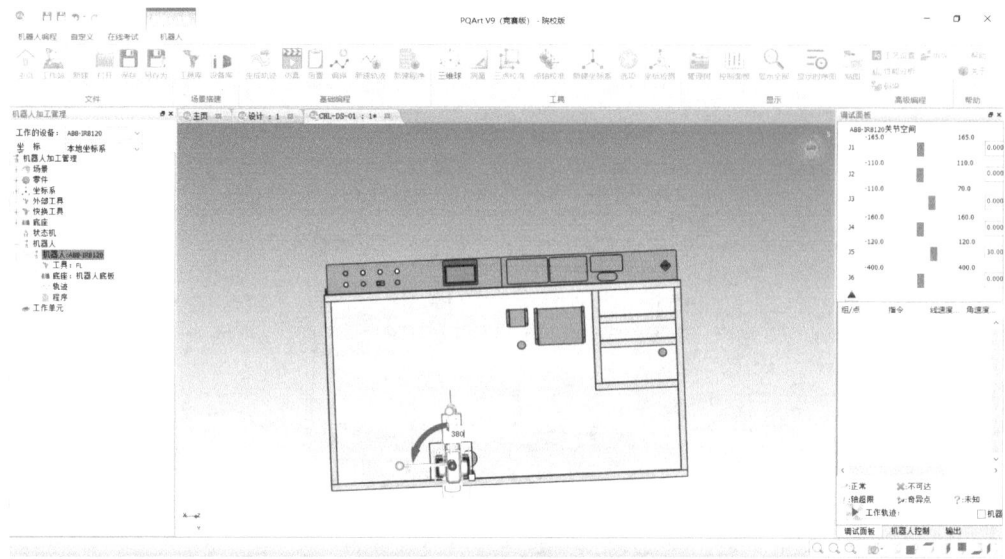

图 6-10 移动机器人(2)

⑦ 单击"视觉单元"(见图 6-11)。

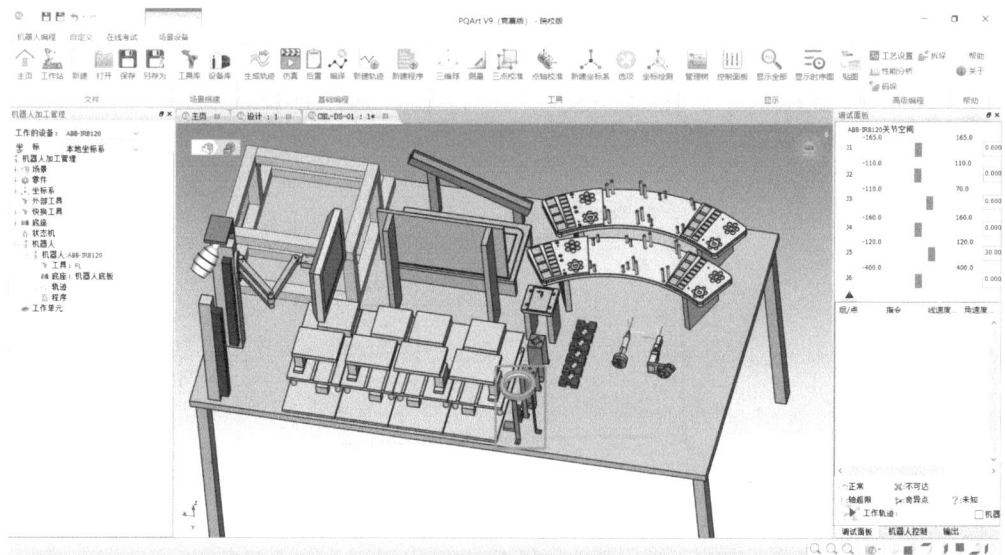

图 6-11 视觉单元界面

⑧ 单击"全选"按钮，将整个视觉单元选中（见图6-12）。

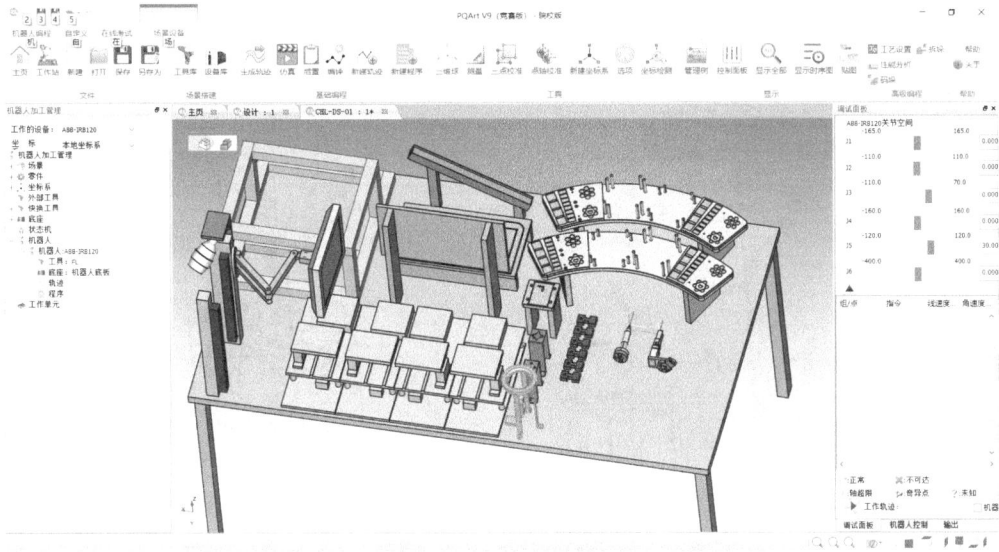

图 6-12　全选视觉单元

⑨ 单击"三维球"后，单击"到点"（见图6-13）。

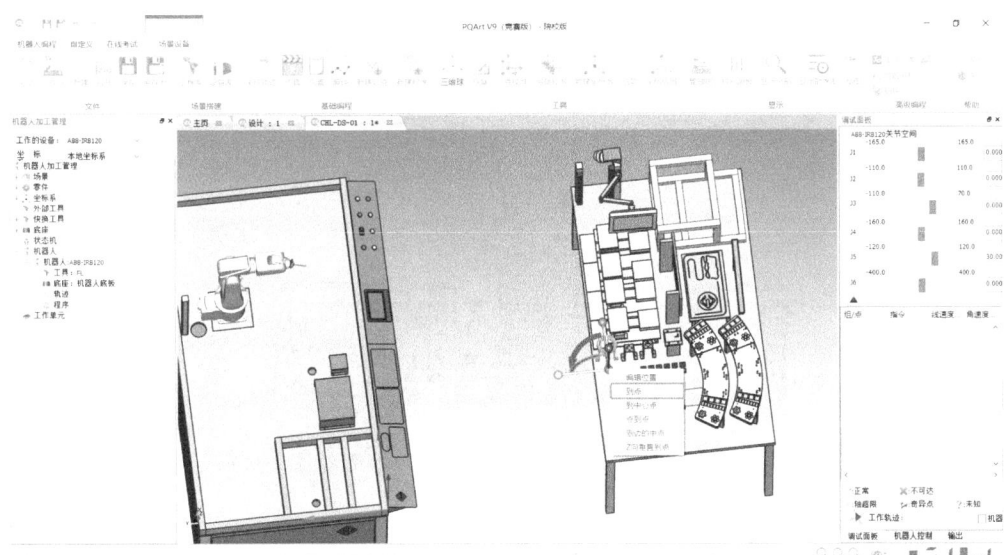

图 6-13　选择三维球

⑩ 将视觉单元放在工作台的对应位置（见图6-14）。

图6-14 移动三维球

⑪ 将各个组件根据设备的摆放，对虚拟仿真场景进行搭建（见图6-15）。

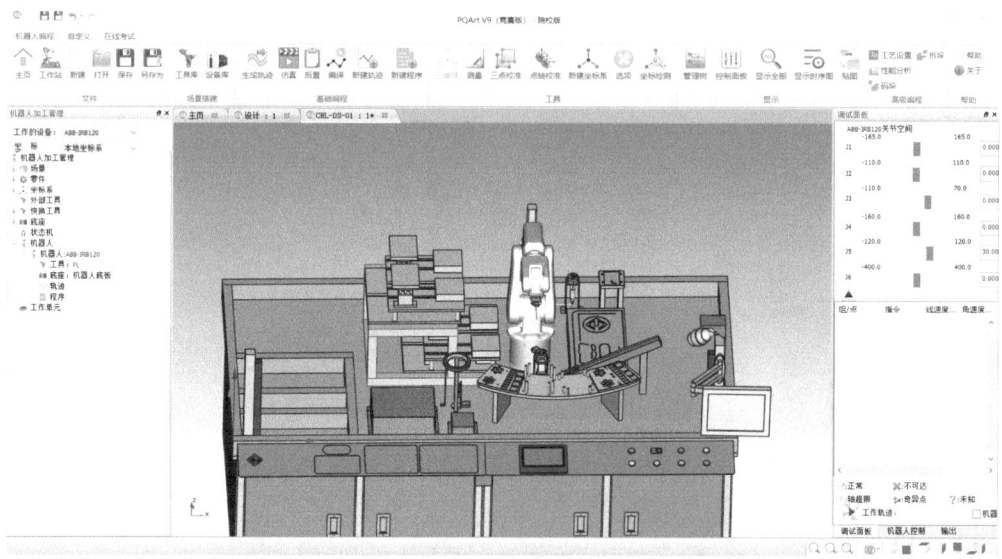

图6-15 搭建场景

任务三　工业机器人系统的虚拟仿真

三维搭建

在离线编程软件中完成基础和定制涂胶、基础和定制码（拆）垛的虚拟仿真运行（见图 6-16）。

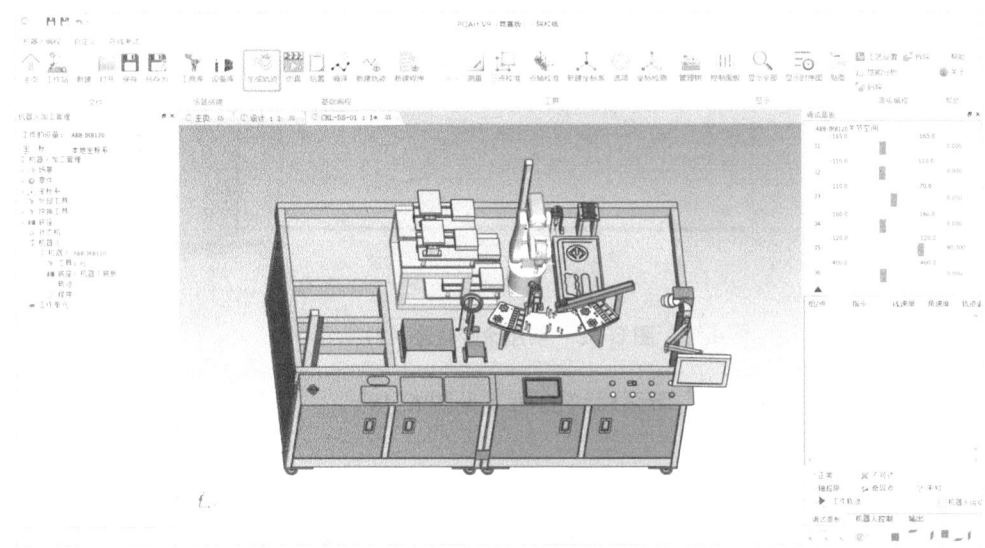

图 6-16　工作台加载未完成示意图

① 单击"生成轨迹"，会弹出如图 6-17 所示的画面。

图 6-17　创建涂胶轨迹（1）

② 在"线"模式下，单击所需要画的轨迹（见图6-18）。

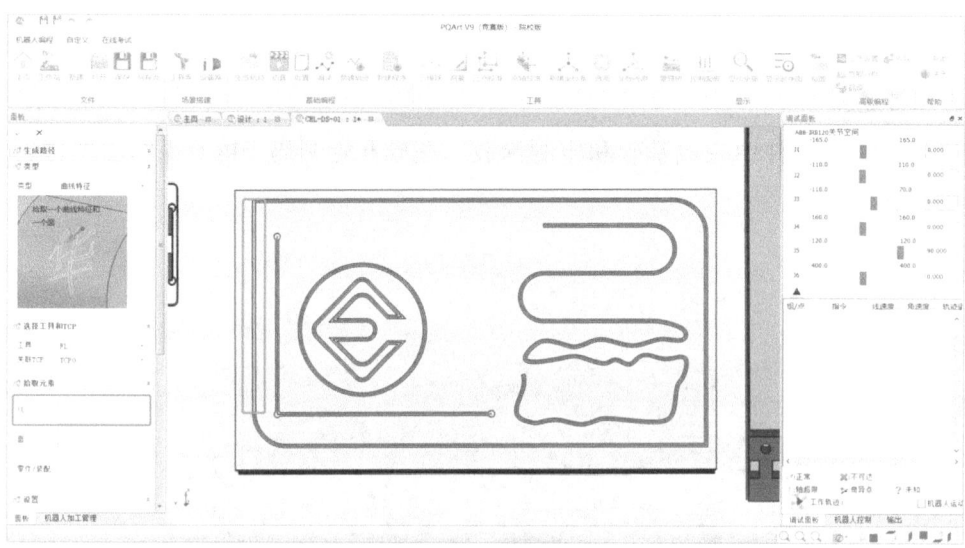

图6-18 创建涂胶轨迹（2）

③ 在"面"模式下，单击所画轨迹的面（见图6-19）。

图6-19 创建涂胶轨迹（3）

④ 画完所需要的轨迹，单击"√"（见图6-20）。

图 6-20　创建涂胶轨迹（4）

⑤ 确认之后，会在轨迹栏中生成我们所需要的轨迹（见图6-21）。

图 6-21　创建涂胶轨迹（5）

⑥ 右击夹爪模块，进行安装轨迹的建立（见图6-22）。

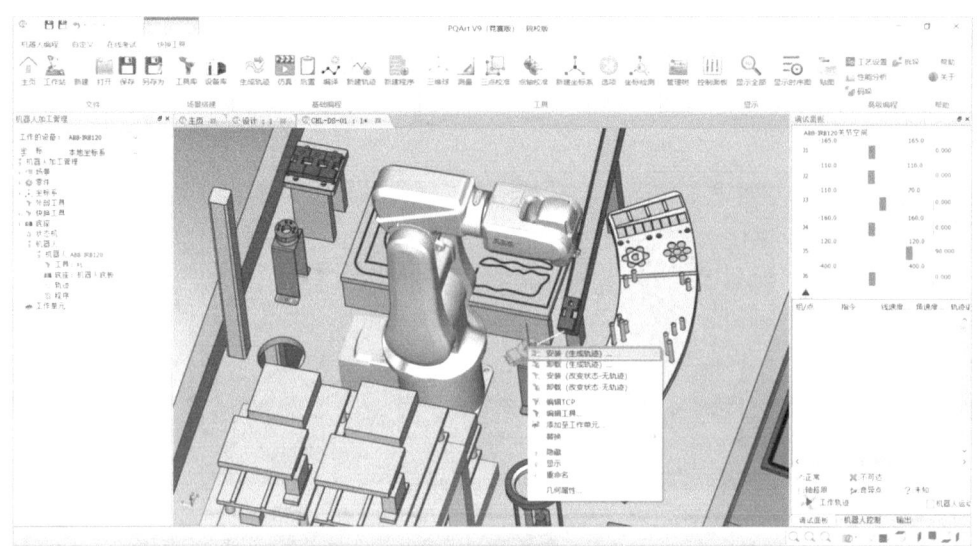

图6-22 创建安装轨迹（1）

⑦ 确认之后，会在轨迹栏中生成拿工具轨迹（见图6-23）。

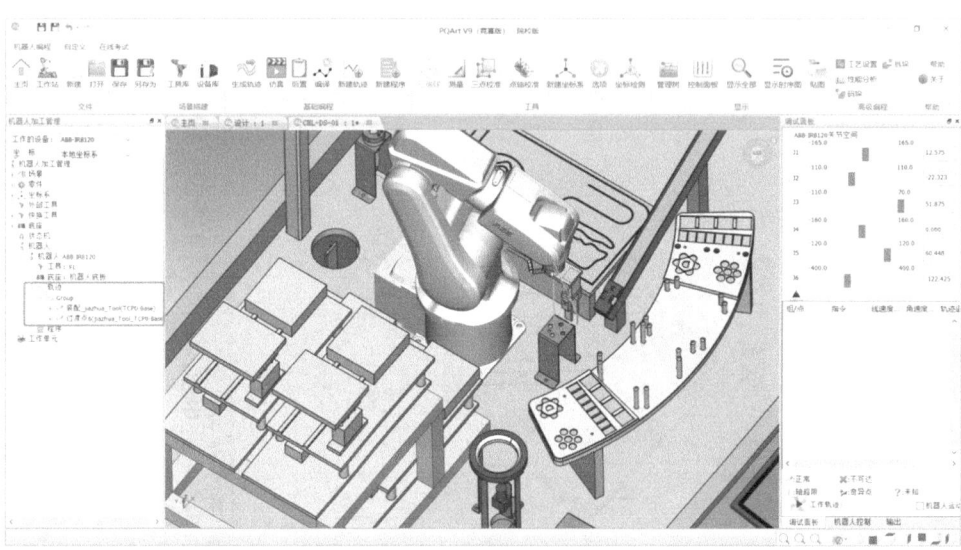

图6-23 创建安装轨迹（2）

⑧ 右击工具，单击"抓取"（见图6-24）。

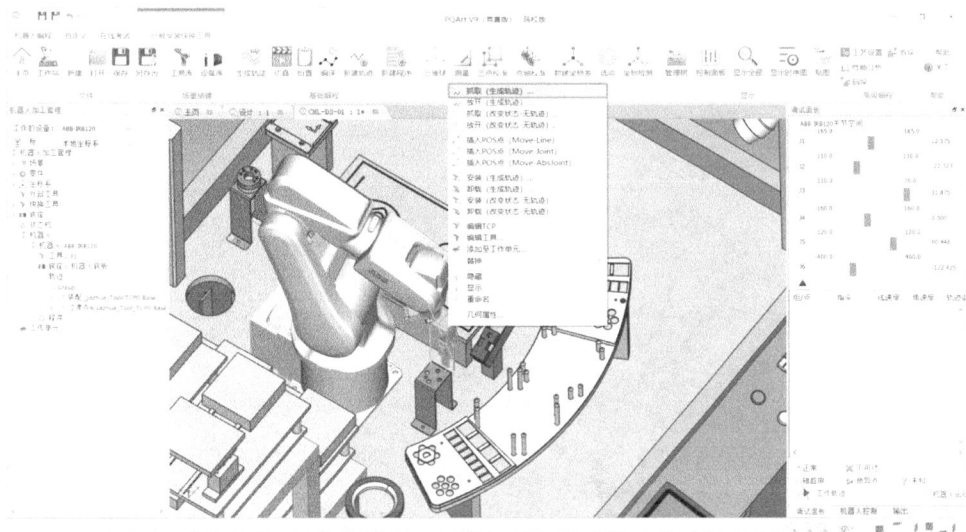

图6-24　创建安装轨迹（3）

⑨ 确认之后，会在轨迹栏中生成拿码垛轨迹（见图6-25）。

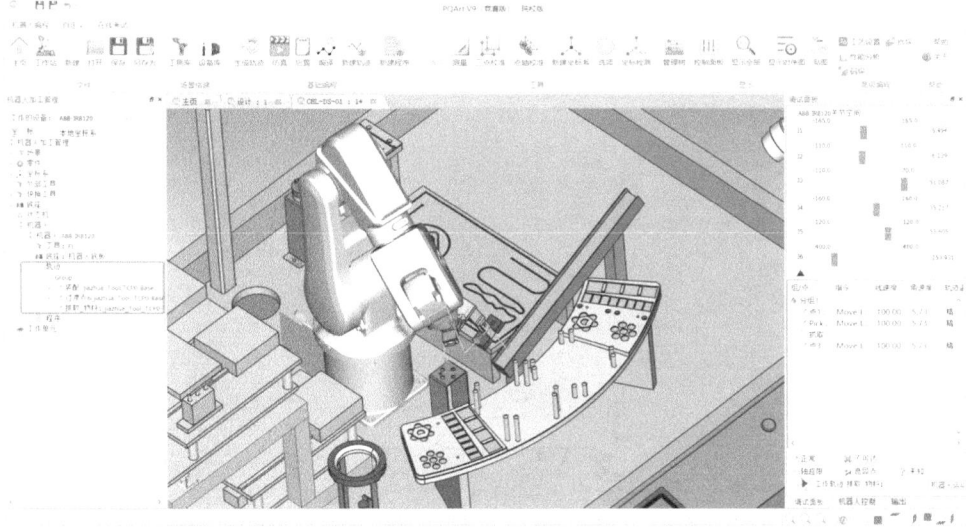

图6-25　创建安装轨迹（4）

⑩ 单击"码垛",进行码垛轨迹的建立(见图 6-26)。

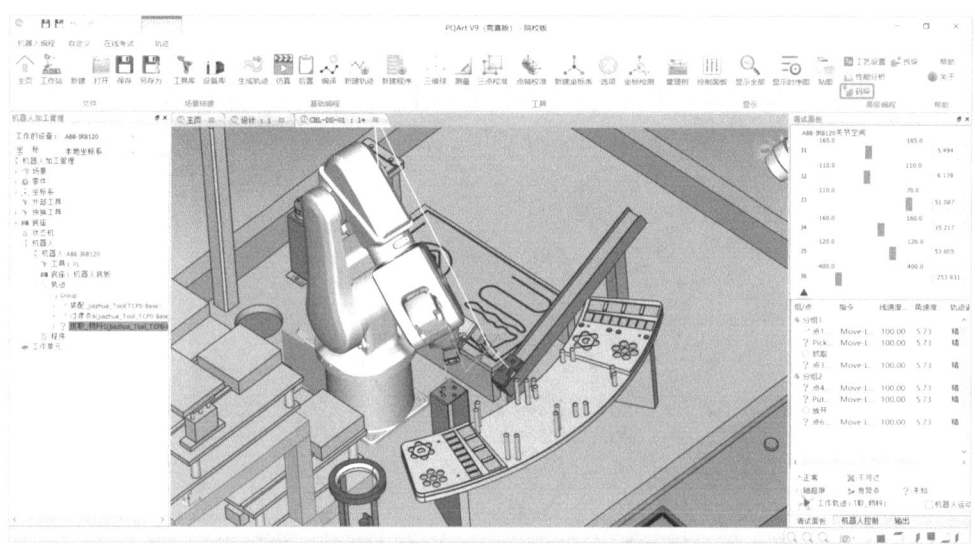

图 6-26 创建码垛轨迹(1)

⑪ 选择所使用的轨迹和垛型(见图 6-27)。

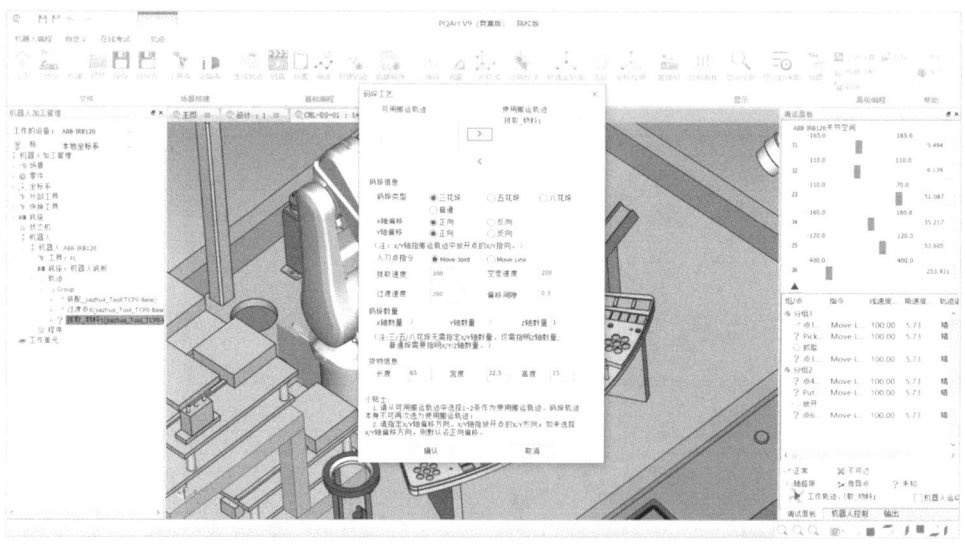

图 6-27 创建码垛轨迹(2)

⑫ 确认之后，会在轨迹栏中生成拿放码垛轨迹（见图6-28）。

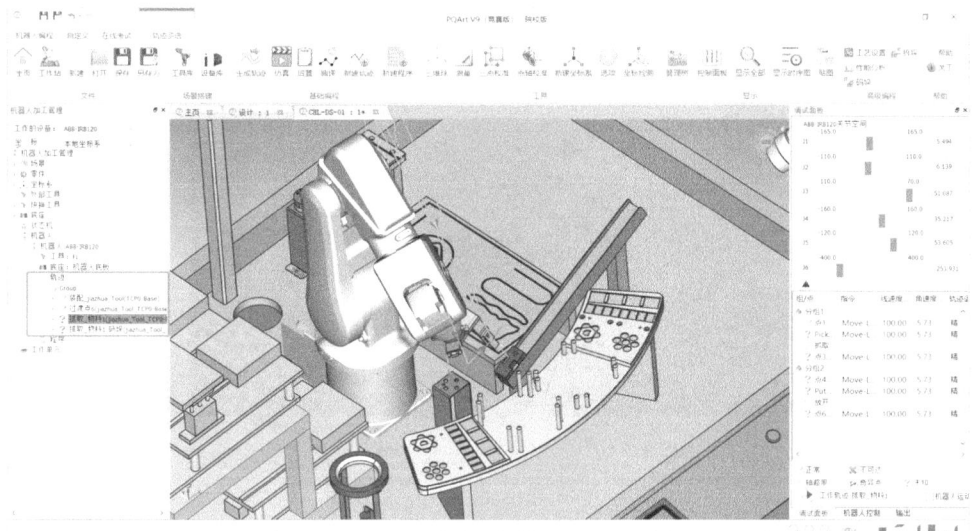

图6-28　创建码垛轨迹（3）

⑬ 完成轨迹建立之后可以单击"仿真"进行虚拟运行（见图6-29）。

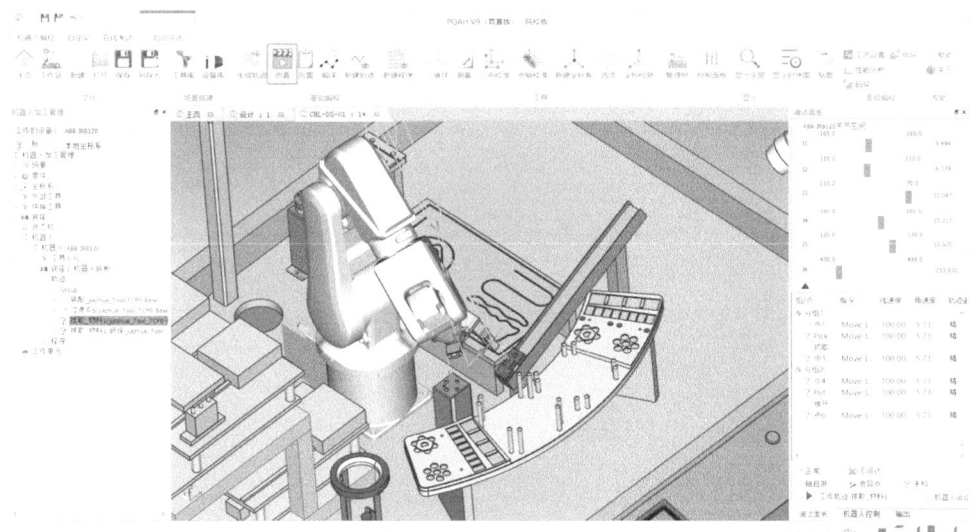

图6-29　创建码垛轨迹（4）

⑭ 按下"开始"按钮,就可以进行虚拟轨迹的仿真运行(见图6-30)。

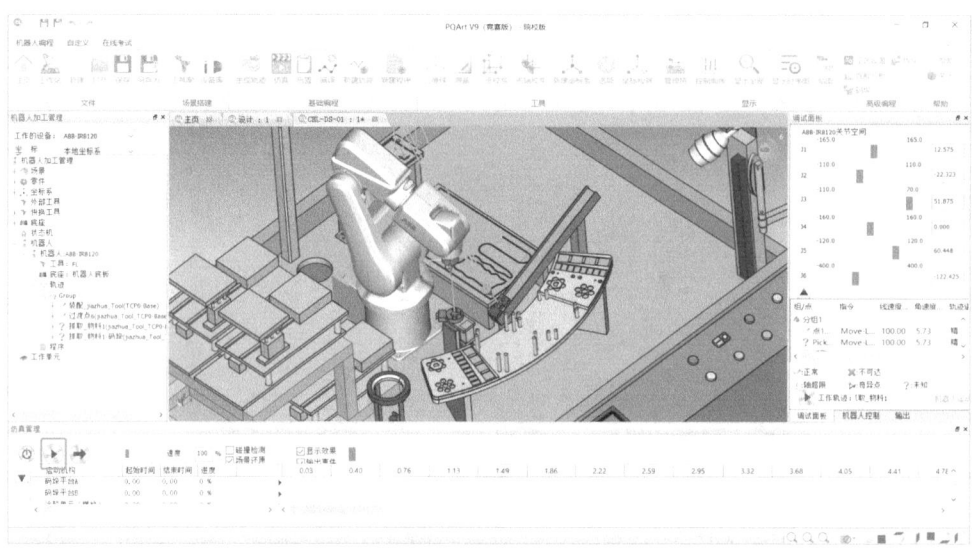

图 6-30 虚拟轨迹的仿真运行